Baby Shoes

Baby Shoes

寶貝小腳丫❤
媽咪手織嬰兒鞋

Baby Shoes

michiyo

Miniature 袖珍鞋

Natural 純淨天然

Animals & Plants 動物＆植物

試著編織練習作品吧！

ontents

本書刊載的嬰兒鞋皆有兩種尺寸。S（7.5～10cm）適用0～3個月寶寶、L（10.5～11.5cm）適用3～9個月寶寶，請選擇符合寶寶腳丫的尺寸。
此外，由於鞋底並無止滑的設計，因此敬請視為學步前的寶寶襪來使用吧！

以手掌大小的迷你尺寸重現大人鞋款的精髓。

尺寸小巧卻十分講究細節，

這是令編織者愉快，收禮者開心的嬰兒鞋。

Miniature

袖珍鞋

帆布鞋 size / S see page / 50

平底瑪麗珍鞋（娃娃鞋）　size／L（p.6）、S（p.7）　see page／52

鏤空編織涼鞋 size / L   see page / 54

鏤空編織涼鞋
size / S　see page / 54

T字帶涼鞋

size / S　see page / 57

蕾絲編織涼鞋

size / S　see page / 56

W雕花牛津鞋 size／L（左）、S（右）　see page／58

流蘇樂福鞋 size / L　see page / 60

毛茸茸莫卡辛鞋 size / S　see page / 49

刺繡莫卡辛鞋　size ／ S（p.14）・ L（p.15）　 see page ／ 38

費爾島圖案短靴＆長筒襪套

size ／ S（短靴）、3至9個月（長筒襪套）

see page ／ 62（短靴）、61（長筒襪套）

費爾島圖案短靴 & 帽子

size／L　see page／62（短靴）、64（帽子）

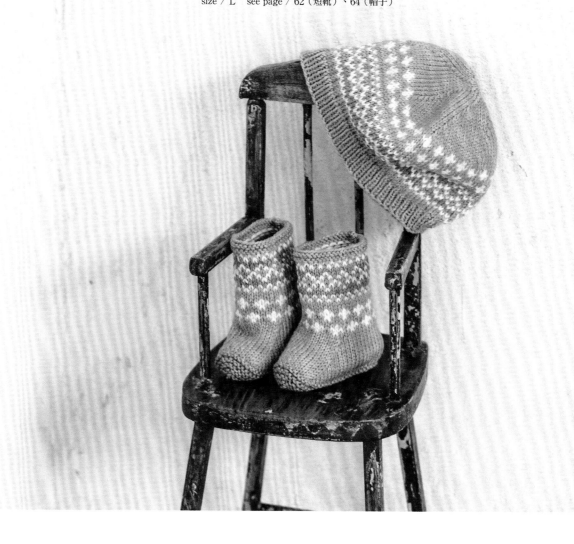

使用天然有機棉與嬰兒專用的超長棉手織線，
編織出講究絕佳膚觸的鞋子們。
柔和的配色更能襯托出寶寶的可愛萌樣。

Natural

純淨天然

純棉短靴　size / L　see page / 66

法國草編鞋＆抓握玩具　size／L（p.20）、S（p.21）　see page／65（法國草編鞋）、78（抓握玩具）

爵士鞋
see page / 79

交叉綁帶便鞋
see page / 46

size／L（p.22 左下、右上）、S（p.22 左上、右下）

教人愛不釋手的動物或植物圖案，

最適合可愛的小嬰兒了。

也設計了成套帽款，組成令人喜悅的贈禮。

Animals & Plants

動物&植物

山羊短靴　size / L　see page / 68

長頸鹿短靴 size ／ L（p.26、p.27左）、S（p.27右） see page ／ 42

兔耳帽＆短靴 size／L　see page／70（帽子）、72（短靴）

怪獸帽＆短靴　size／S　see page／71（帽子）、72（短靴）

草莓帽 & 鞋子 size／S　see page／74（帽子）、75（鞋子）

橡實鞋　size / L　see page / 75

兔兔鞋＆大象鞋 size／L（兔子）、S（大象）　see page／76（兔子）、77（大象）

花朵鞋　size / S（p.36）、L（p.37）　see page / 78

$\mathcal{L}$esson 1　刺繡莫卡辛鞋　page / 14

TOP

SIDE

線材／S…Hamanaka Exceed Wool FL〈合太〉　茶色（205）20g、米白色（201）、水藍色（242）各少量
　　　L…Hamanaka Exceed Wool L〈並太〉　淺駝色（302）40g、米白色（301）、粉紅色（343）各少量
工具／S…4／0號鉤針　L…6／0號鉤針
密度／短針　S…11針為4.5cm、8段為2.5cm　L…11針為6.5cm、8段為3.5cm
鞋底長／S…8cm　L…11cm

〈織法〉
取1條織線，以指定的配色編織。依照鞋底、鞋幫、鞋後踵、反摺部分的順序編織，織好鞋面即完成作品。

＊S與L皆以相同針數、段數編織。無記號為S，▨為L尺寸。
＊織圖為單隻鞋份量，再編織相同的另一隻鞋即可。

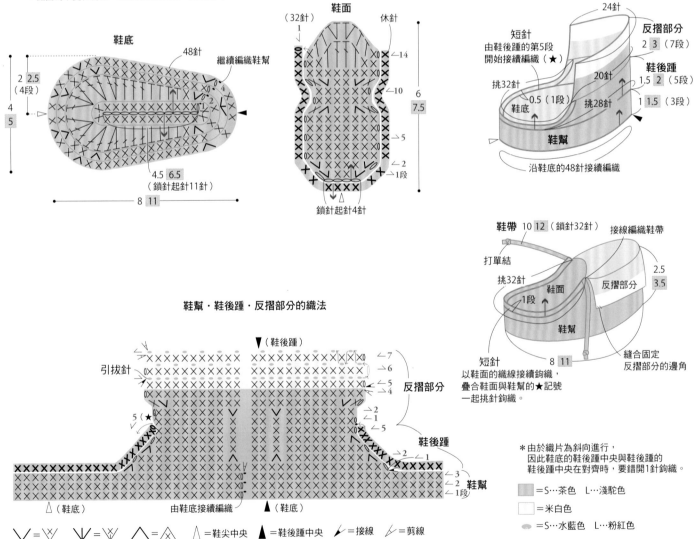

鞋底

48針

繼續編織鞋幫

2　2.5（4段）

4
5

4.5　6.5
（鎖針起針11針）

8　11

鞋面

（32針）　休針

6
7.5

鎖針起針4針

24針

反摺部分
2　3（7段）

短針
由鞋後踵的第5段
開始接續編織（★）

鞋後踵
1.5　2（5段）

挑32針

0.5（1段）

20針

1　1.5（3段）

鞋底

挑28針

鞋幫

沿鞋底的48針接續編織

鞋帶　10　12（鎖針32針）　接線編織鞋帶

打單結

挑32針

鞋面

反摺部分
2.5
3.5

1段

鞋幫

8　11

縫合固定
反摺部分的邊角

短針
以鞋面的織線接續鉤織，
疊合鞋面與鞋幫的★記號
一起挑針鉤織。

鞋幫・鞋後踵・反摺部分的織法

引拔針

（鞋後踵）

反摺部分

鞋後踵

由鞋底接續編織

（鞋底）

（鞋底）

鞋幫

＊由於織片為斜向進行，
　因此鞋底的鞋後踵中央與鞋後踵的
　鞋後踵中央對齊時，要錯開1針鉤織。

▨ ＝ S…茶色　L…淺駝色

□ ＝ 米白色

⬮ ＝ S…水藍色　L…粉紅色

Ⅴ ＝ Ⅴ　Ⅴ ＝ Ⅴ　⋀ ＝ ⋀　△ ＝ 鞋尖中央　▲ ＝ 鞋後踵中央　✦ ＝接線　✦ ＝剪線

雖然以S尺寸進行解說，但L尺寸只是換織線鉤織，織法是相同的。

鉤織鞋底，鉤12針鎖針（起針11針＋立起針1針），看著起針針目的背面，僅挑鎖針裡山1條線鉤織。

鉤織短針。

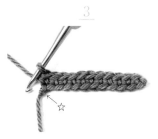

依相同方式一一挑起針針目鉤織，直到邊端為止。

將起針第1針收緊時所形成的線結（☆）解開（僅限於在起針段兩側挑針的情況）。此作法可以讓織片變得更為平整美觀。

在邊端針目鉤入3針短針。此時，將線頭包入一併鉤織。

在起針針目的另一側挑針鉤織短針，完成第一圈。鉤針穿入第1段的第1針。

鉤針掛線引拔，完成引拔針。

第2段。鉤織立起針的1針鎖針，在前段的針頭挑針，織入2針短針（2短針加針）。

同樣依織圖指示，一邊鉤織短針、中長針、長針，一邊在指定位置加針，鉤織一圈。此為第2段織好的模樣。

一邊進行短針的加針，鉤織4段。完成鞋底。

接下來，不加減針鉤織3段鞋幫後剪線。完成鞋幫。

鉤織鞋後踵。在指定位置接線，鉤織立起針的1針鎖針，下一針開始以短針進行鉤織。

13

接續鉤織鞋後踵第1段之後，看著正面鉤第2段立起針的1針鎖針，依箭頭方向將織片轉過去，翻至背面。

14

鉤織鞋後踵的第2段（背面）。依織圖進行往復編。

15

以相同方式進行往復編至第5段的邊端為止。接著，鉤織立起針的1針鎖針，鉤針依箭頭方向穿入鞋後踵的織段中，挑2條線鉤織短針。

16

以相同方式在鞋後踵的織段上挑針，鉤織短針。

17

並且沿鞋幫第3段與另一側的鞋後踵織段，鉤織一圈共挑32針。鉤針穿入鞋後踵第5段第1針的針頭，鉤引拔。

18

接著鉤織立起針的1針鎖針，挑20針鉤織反摺部分，以往復編進行。

19

反摺部分第4段（背面）。依織圖指示鉤織至倒數第2針為止。

20

由於第5段開始改以米白色線編織，因此在引拔反摺部分第4段最後的短針時，請以新的米白色線引拔。

21

亦即使用新的織線，來鉤織更換色線前一針目的最後階段。

22

接著鉤織立起針的1針鎖針，繼續以短針鉤織。

23

不加減針鉤織3段往復編後剪線。完成反摺部分。

24

以新的水藍色線作鎖針起針，鉤針如圖從反摺部分第5段的正面穿入，引拔織線。

25

引拔1針的模樣。

26

以相同方式鉤織引拔針至邊端後，鉤1針鎖針，將織片翻至背面。

27

看著背面，在第6段的第1針鉤引拔。

28

接著，在第7段的第2針鉤引拔。如此在第6段與第7段輪流引拔，形成Z字形花樣。

29

鞋面起針方式同鞋底，鎖針起針後織入短針（參照步驟1、2），依鞋後踵的鉤織要領一邊加減針，一邊進行往復編。

30

接著，鉤織立起針的1針鎖針，依步驟15、16的要領，沿鞋面的織段挑針，鉤織短針。

31

沿起針段與另一側的織段挑針鉤織一圈短針，共32針，之後休針。

32

鞋面與鞋幫背面相對疊合，以休針的織線鉤織立起針的1針鎖針，看著鞋幫的正面，將鉤針同時穿入鞋幫與鞋面，一次挑2針。

33

鉤織短針。

34

同樣在重疊的織片上挑32針，以短針併縫。

35

鉤織鎖針的鞋帶後剪線。在另一側接線，同樣鉤織鞋帶。鞋帶前端打單結。

36

將反摺部分的邊角縫合固定在鞋幫上。

TOP

SIDE

線材 / Hamanaka Exceed Wool FL〈合太〉　芥末黃（243）　S…15g　L…20g
　　　　　　　　　　　　　　　焦茶色（206）　　S…5g　　L…10g

工具 / 4號棒針4枝　3／0號鉤針
密度 / 平面編　13針為5cm、14段為4cm　花樣編　13針、26段為5cm平方
鞋底長 / S…8cm　L…11cm

〈織法〉
1條織線，以指定的配色編織。除指定以外，皆以4號棒針編織。
依照鞋後踵、鞋幫、鞋頭的順序編織，織好鞋筒即完成作品。

＊無記號為S，▨▨為L尺寸（只有一個數字時則是通用）。
＊織圖為單隻鞋份量，再編織相同的另一隻鞋即可。

鞋後踵・鞋幫・鞋頭的織法

S

最後8針穿入織線，縮口束緊。

3針　1針　3針　1針

16針
24針

鞋頭
平面編

1.5（5段）
2（7段）

參照織圖　　3針 5針

－1（4段）

鞋頭
平面編

9（24針）　12（32針）

1.5（6段）
3（10段）

加2針

鞋幫
花樣編

加1針

4（20段）
5（26段）

8（21針）　11（29針）

挑7針　挑7針　挑7針
挑10針　挑9針　挑10針

3.5（起9針）　4.5（起11針）

參照織圖

鞋後踵
平面編

2.5（9段）
3（11段）

2（休5針）　3（休7針）

挑15針　挑5針　挑14針
挑19針　挑7針　挑18針

34針　44針

鞋筒

5（16段）
5.5（18段）

摺山　　一針鬆緊針

與前段記號相同的套收針

□ = |
□ = 芥末黃
▨ = 焦茶色

鞋頭
平面編
（輪編）

5

－2
－1

以焦茶色進行縅面繡

4
2
1
6

平面編
（輪編）

－2
－1

鹿角接縫位置
耳朵接縫位置

20

花樣編
（往復編）

10

－2
－1段

21 20　　　　　10　　　　2 1

起編處　1針　　　　　　2 1針

1段（起針）　2　　　9

鞋後踵
平面編
（往復編）

9

鞋幫

✓ = 接線
✓ = 剪線
● = 鞋幫的挑針位置
○ = 鞋筒的挑針位置

L

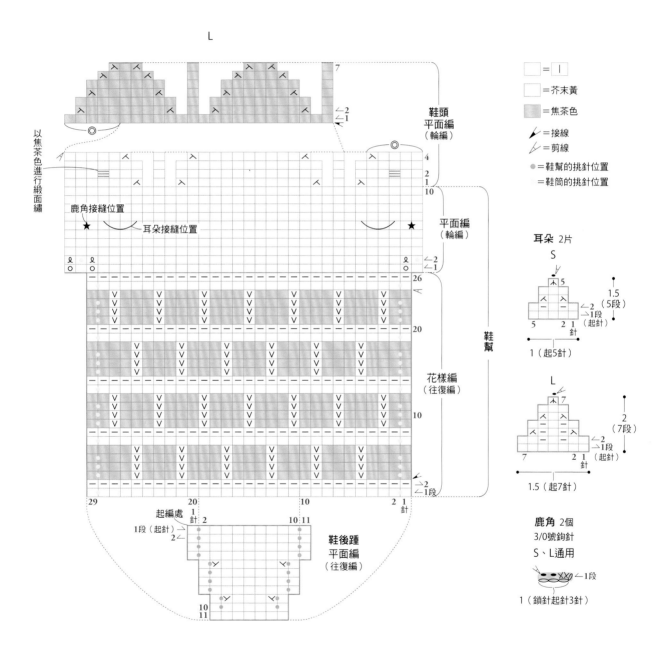

=|

=芥末黃

=焦茶色

=接線

=剪線

=鞋幫的挑針位置

=鞋筒的挑針位置

以焦茶色進行緞面繡

鹿角接縫位置

耳朵接縫位置

鞋頭
平面編
（輪編）

鞋幫

平面編
（輪編）

花樣編
（往復編）

起編處

鞋後踵
平面編
（往復編）

耳朵 2片

S

1.5
（5段）

←2
→1段
（起針）

5   2 1
針

1（起5針）

L

2
（7段）

←2
→1段
（起針）

7   2 1
針

1.5（起7針）

鹿角 2個
3/0號鉤針
S、L通用

←1段

1（鎖針起針3針）

雖然以S尺寸進行解說，但L只是改織〈　〉內針數、段數，織法是相同的。

1

編織鞋後踵。手指掛線起針法起9針〈11針〉，此段算第1段。

2

一邊在指定位置減針，一邊以往復編編織9段〈11段〉，完成鞋後踵。最終段穿入別線，暫休針。

3

接著編織鞋幫。棒針依箭頭方向穿入鞋後踵側邊的第1與第2針之間。

4

引出織線。

5

以相同方式挑7針〈10針〉。

6

依箭頭方向在起針段穿入第2支棒針，引出織線。

7

接著同樣在鞋後踵的另一側挑針，從起針段那頭開始，共挑21針〈29針〉。

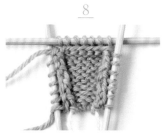

8

鞋幫第2段。翻面後織21針〈29針〉下針。

9

第3段（正面）。第1針不編織直接移至右棒針上（滑針）。改以焦茶色織線編織3針下針。L織4針下針，之後以相同方式編織。

10

依相同方式，重複編織1針滑針與3針下針。

11

第4段（背面）。第1針不編織直接移至右棒針上，織3針上針，再1針不織直接移至右針。此時在內側渡線。L則是織4針上針，之後依相同方式編織。

12

以相同方式重複步驟11。亦即花樣編的3至6段是芥末黃休針，以焦茶色編織。

44

13

依織圖以往復編織20段〈26段〉花樣編。

14
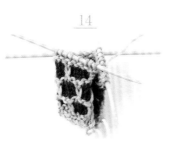
翻至正面,在指定位置以掛針加針至24針〈32針〉後,改以輪編進行。編織第2段時,掛針加針的地方織扭針。

15

以不加減針的輪編平面編編織6段鞋幫〈10段〉後,一邊減針一邊編織4段鞋頭。

16

標示◎的針目不編織,直接移至右棒針上,在指定位置接焦茶色織線,再次一邊減針,一邊編織5段〈7段〉,最後8針穿入織線,縮口束緊完成鞋頭。

17

編織耳朵與鹿角,接縫於指定位置。

18

取1條焦茶色線進行緞面繡,縫製眼睛。

19
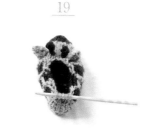
編織鞋筒。將先前穿入別線暫休針的鞋後踵5針〈7針〉移至棒針上。

20

接線挑針同步驟3、4,一樣在鞋幫的第1針與第2針之間挑針。在滑針上挑針時(僅限S),則挑芥末黃與焦茶色各1條線。

21

棒針掛線,引出織線。

22

在鞋幫的平面編上挑針時,棒針如圖穿入針目中,挑2條線編織。

23

依同樣方式在鞋幫的另一側挑針,共挑34針〈44針〉連接成環,改以輪編進行。

24

編織16段〈18段〉一針鬆緊針。最終段是進行與前段記號相同的套收針。

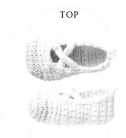
TOP

SIDE

$\mathcal{L}esson\,3$　交叉綁帶便鞋　page / 22

線材 / Hamanaka Paume〈無垢棉〉baby　原色（11）　S⋯10g　L⋯15g
　　　Hamanaka Paume baby color　S⋯粉紅色（96）少量　L⋯淺綠色（94）少量
工具 / 5／0號鉤針
密度 / 短針　12針14段為5cm平方
鞋底長 / S⋯7.5cm　L⋯11cm

〈織法〉
取1條織線，以指定的配色編織。依照鞋頭、鞋幫＆鞋底、鞋後踵的順序編織，織好鞋口緣編與鞋後踵拉片、綁帶即完成作品。

＊無記號為S，▨ 為L尺寸（只有一個數字時則是通用）。
＊織圖為單隻鞋份量，再編織相同的另一隻鞋即可，僅綁帶重疊的順序相反。

鞋頭・鞋幫＆鞋底・鞋後踵的織法

S

＊由於織片為斜向進行，
因此在對齊S鞋頭中央與鞋後踵中央時，
要錯開0.5針鉤織。

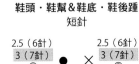

鞋頭・鞋幫＆鞋底・鞋後踵
短針

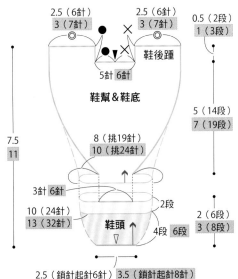

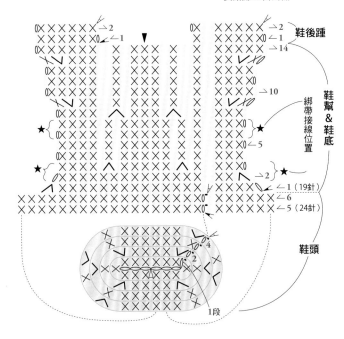

鞋口緣編＆鞋後踵拉片織法
S、L通用

在鞋幫每1段或每1針目的內側，
――挑針鉤織1針。

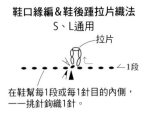

綁帶　2條

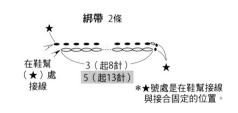

＊★號處是在鞋幫接線
與接合固定的位置。

▨=粉紅色　　╱=接線
□=原色　　　╱=剪線
∨=⋎　　　　△=鞋頭中央
∧=⋏　　　　▲=鞋後踵中央

L

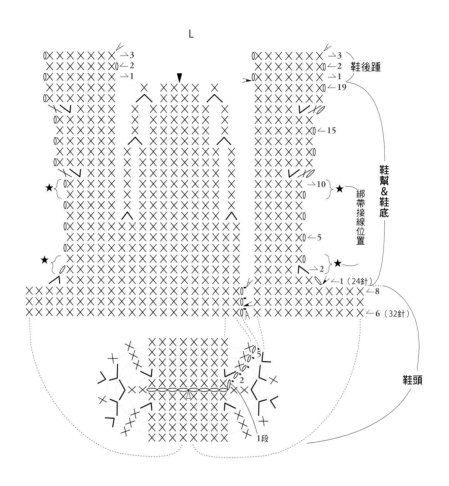

鞋後踵
鞋幫＆鞋底
綁帶接線位置
→3
←2
→1
→19
←15
→10
←5
←2
←1（24針）
←8
←6（32針）

鞋頭
1段

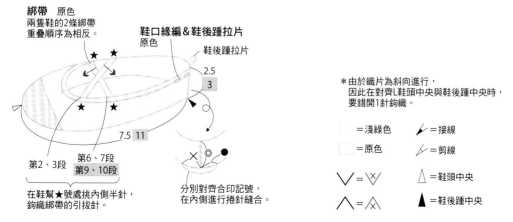

綁帶　原色
兩隻鞋的2條綁帶
重疊順序為相反。

鞋口緣編＆鞋後踵拉片
原色

鞋後踵拉片

2.5
3

7.5 11

第2、3段　　第6、7段
　　　　　　第9、10段

在鞋幫★號處挑內側半針，
鉤織綁帶的引拔針。

分別對齊合印記號，
在內側進行捲針縫合。

＊由於織片為斜向進行，
　因此在對齊L鞋頭中央與鞋後踵中央時，
　要錯開1針鉤織。

□ =淺綠色	✔ =接線
□ =原色	✔ =剪線
∨ = ∨	∧ =鞋頭中央
∧ = ∧	▲ =鞋後踵中央

交叉綁帶便鞋

雖然以S尺寸進行解說,但L尺寸只是改織〈　〉內針數、段數,織法是相同的。

1

2

3

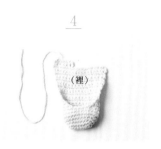
4

鉤織鞋頭。鎖針起針6針〈8針〉,以p.39「刺繡莫卡辛鞋」步驟1至10的要領,依織圖一邊加針,一邊以輪編鉤織4段〈6段〉短針。

鉤針穿入第4段〈第6段〉的第1針,引拔原色織線接線。

以原色線鉤織2段後剪線,完成鞋頭。

在指定位置接線,依p.39「刺繡莫卡辛鞋」步驟12至14的要領,以往復編鉤織鞋幫&鞋底的短針並進行加減針。接著繼續編織鞋後踵的右側〈左側〉。預留大約20cm線段後剪線。

5

6

7

8

在指定位置接線,鉤織鞋後踵的左側〈右側〉,預留大約20cm線段後剪線。

左、右鞋後踵如圖示對齊,以預留的織線穿針,看著背面進行捲針縫。

在鞋後踵中央接原色線,鉤針穿入1針目的下方半針,每一段織1針引拔針(為了更清晰易懂,改以不同色線示範)。

沿鞋口鉤織一圈,織完最後的引拔針後,繼續鉤5針鎖針作出鞋後踵拉片,並於相同針目引拔固定。

9

10

11

12

鉤織綁帶。在鞋幫的半針內側接線,鉤織8針〈13針〉鎖針,鉤針同樣穿入對側鞋幫的半針內側,引拔固定。

鉤針再次穿入上方1段的針目中,引拔固定。

鉤1針鎖針,接下來在綁帶的鎖針上,挑裡山1條線鉤織引拔針。

在接線處上方1段的針目鉤引拔固定。另1條綁帶也是以相同方式鉤織。左、右腳綁帶重疊的順序則是相反。

毛茸茸莫卡辛鞋 page / 14

線材 / S ··· Hamanaka Sonomono〈合太〉焦茶色（3）20g
　　　　 Hamanaka Sonomono Healy　茶色（123）5g
　　　L ··· Hamanaka Sonomono Alpaca Wool〈並太〉
　　　　　 焦茶色（63）40g
　　　　 Hamanaka Sonomono Healy　茶色（123）10g
工具 / S ··· 4/0號鉤針　L ··· 7/0號鉤針
密度 / 短針　S ··· 11針為4.5cm、8段為2.5cm
　　　　　 L ··· 11針為6.5cm、8段為3.5cm
鞋底長 / S ··· 8cm　L ··· 11cm

〈織法〉
除反摺部分外，S取Sonomono〈合太〉1條
線，L取Sonomono Alpaca Wool〈並太〉1條
線鉤織。反摺部分則使用Sonomono Healy，S
取1條線，L取2條線鉤織。
鞋底、鞋幫及鞋後踵依照p.38相同織法鉤織。
反摺部分將織線換成Sonomono Healy，依織
圖在鞋後踵接線，以往復編進行。依p.38相同
織法完成鞋面與鞋帶即完成作品。

＊鞋底、鞋幫、鞋後踵、鞋面、鞋帶織圖請參照p.38。
＊S與L皆以相同針數、段數編織。無記號為S，□□□為L尺寸。
＊織圖為單隻鞋份量，再編織相同的另一隻鞋即可。

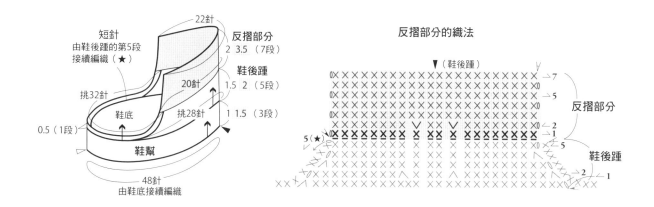

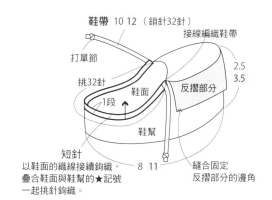

□＝S···Sonomono〈合太〉　L···Sonomono Alpaca Wool〈並太〉
□＝S···Sonomono Healy取1條織線　L···Sonomono Healy取2條線

∨＝∨　X＝看著背面，挑前段針目外側的
∧＝∧　　　1條線鉤織短針。

△＝鞋頭中央
▲＝鞋後踵中央

49

帆布鞋 page / 5

線材 / Hamanaka Aprico
　　象牙白（1）S … 10g　L … 15g
　　土耳其藍（13）S … 10g　L … 15g
　　黑色（24）S、L … 各少量
工具 / 3/0號鉤針
密度 / 短針　17針為6cm、17段為5cm
鞋底長 / S … 8cm　L … 10.5cm

〈 織法 〉
取1條織線，以指定的配色編織。
鎖針起針開始鉤織鞋底，依織圖指示以輪編一邊加針一
邊進行，繼續鉤織鞋底側面之後剪線。接下來在指定位
置接線，鉤織鞋幫，並且在短針之間作出穿繩孔。鎖針
起針，從鞋頭開始鉤織鞋面，依織圖加針後，沿周圍鉤
織一圈短針。接著換色線繼續鉤織，並製作出穿繩孔。
捲針縫合鞋面與鞋底側面，鉤織鞋帶，穿好鞋帶後打結
即完成。

＊織圖為單隻鞋份量，再編織相同的另一隻鞋即可。

＊無記號為S，▨▨ 為L尺寸。

鞋底 S

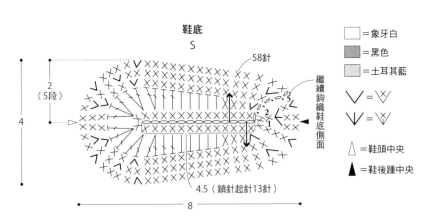

58針
繼續鉤織鞋底側面
2（5段）
4
4.5（鎖針起針13針）
8

□ ＝象牙白
▨ ＝黑色
▨ ＝土耳其藍
Ｖ ＝ \\/
Ｖ ＝ \\/
△ ＝鞋頭中央
◢ ＝鞋後踵中央

鞋幫 短針

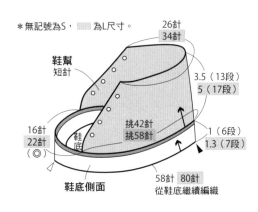

26針 34針
3.5（13段） 5（17段）
16針 22針（◎）
鞋底
挑42針 挑58針
1（6段） 1.3（7段）
鞋底側面
58針 80針 從鞋底繼續編織

L

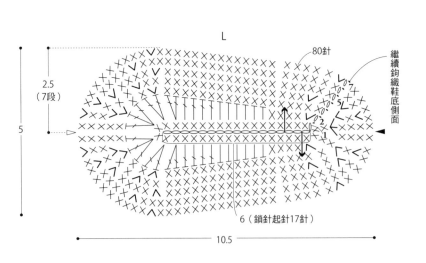

80針
繼續鉤織鞋底側面
2.5（7段）
5
6（鎖針起針17針）
10.5

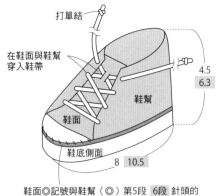

打單結
在鞋面與鞋幫穿入鞋帶
4.5 6.3
鞋幫
鞋面
鞋底側面
8 10.5

鞋面◎記號與鞋幫（◎）第5段 6段 針頭的
內側半針對齊，以象牙白進行捲針縫合。

鞋帶

45（鎖針140針）
54（鎖針168針）

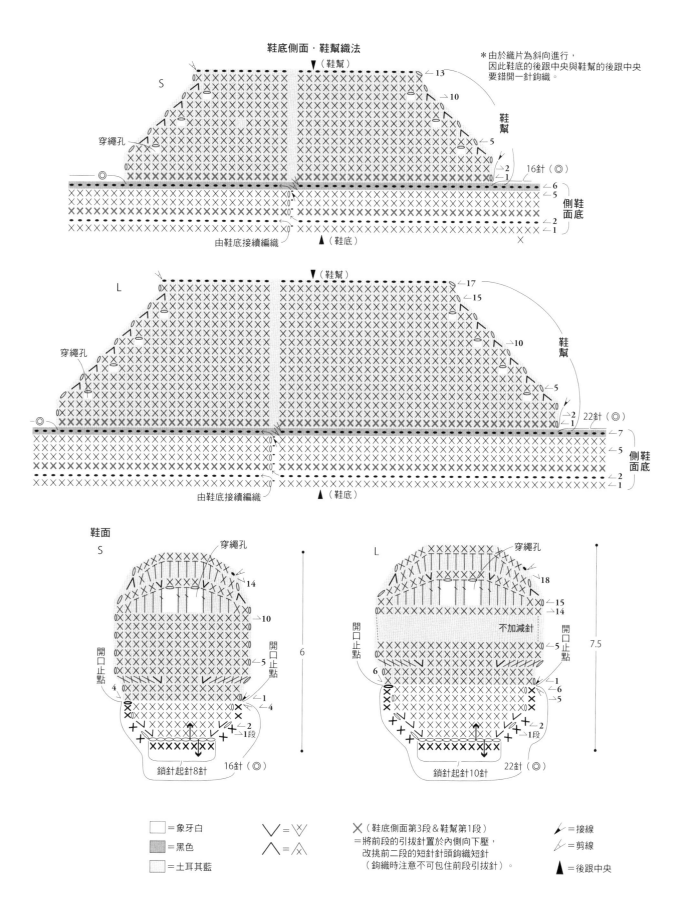

鞋底側面・鞋幫織法

＊由於織片為斜向進行，
因此鞋底的後跟中央與鞋幫的後跟中央
要錯開一針鉤織。

S

（鞋幫）▼

→13
→10
→5
→2
→1
16針（◎）

鞋幫

穿繩孔

→6
→5
→2
→1
側鞋
面底

由鞋底接續編織

▲（鞋底）

L

（鞋幫）▼

→17
→15
→10
→5
→2
→1
22針（◎）

鞋幫

穿繩孔

→7
→5
→2
→1
側鞋
面底

由鞋底接續編織

▲（鞋底）

鞋面

S

穿繩孔

→14
→10
→5
→1
→4
→2
→1段

開口止點

開口止點

6

16針（◎）

鎖針起針8針

L

穿繩孔

→18
→15
→14
不加減針
→5
→1
→6
→5
→2
→1段

開口止點

開口止點

7.5

22針（◎）

鎖針起針10針

□＝象牙白

■＝黑色

□＝土耳其藍

Ｖ＝

∧＝

✕（鞋底側面第3段＆鞋幫第1段）
＝將前段的引拔針置於內側向下壓，
改挑前二段的短針針頭鉤織短針
（鉤織時注意不可包住前段引拔針）。

＝接線

＝剪線

▲＝後跟中央

平底瑪麗珍鞋（娃娃鞋） page / 6

線材 / Hamanaka Aprico
    S … p.7左：象牙白（1）、水藍色（12）各5g
          p.7中央：象牙白（1）、淡橘色（2）各5g
          p.7右：象牙白（1）、黃色（16）各5g
    L … p.6：象牙白（1）、紅色（6）各10g
工具 / 2號棒針4枝　2/0號鉤針
密度 / 一針鬆緊針　22針為5cm、28段為6.5cm
       起伏針　14針為5cm、8段為1.5cm
鞋底長 / S … 8cm　L … 11cm

〈織法〉
取1條織線，以指定的配色編織。鞋帶之外，皆以2號棒針編織。
手指掛線起針法起針，針目連接成環，從鞋筒的一針鬆緊針開始進行輪編。接著編織鞋面，以往復編進行一針鬆緊針與起伏針。鞋幫是沿鞋筒和鞋面挑針一圈，進行起伏針的輪編。接著一邊減針，一邊編織鞋底。收針側暫休針，進行平針併縫。以2/0號鉤針編織鞋帶，接縫於鞋面即完成。

TOP

SIDE

＊無記號為S，▨▨▨為L尺寸（只有一個數字時則是通用）。
＊織圖為單隻鞋份量，再編織相同的另一隻鞋即可。

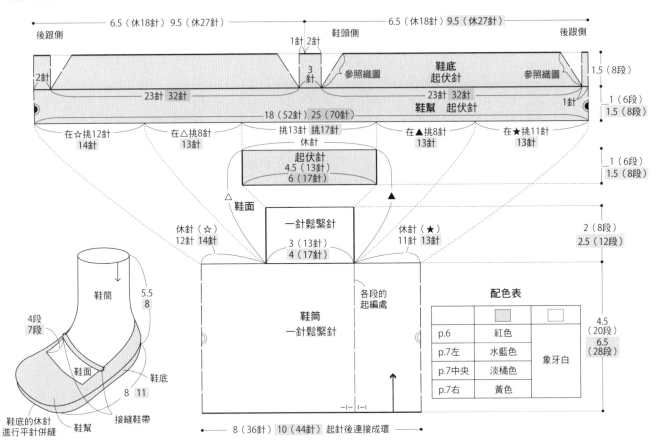

配色表		
	▨	
p.6	紅色	象牙白
p.7左	水藍色	
p.7中央	淡橘色	
p.7右	黃色	

S

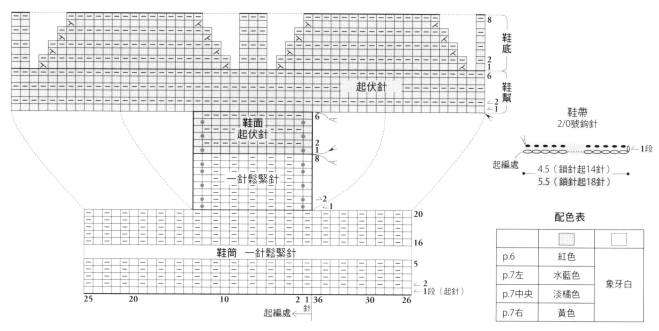

鞋帶
2/0號鉤針
起編處 ←1段
4.5（鎖針起14針）
5.5（鎖針起18針）

配色表

	▨	□
p.6	紅色	
p.7左	水藍色	象牙白
p.7中央	淡橘色	
p.7右	黃色	

L

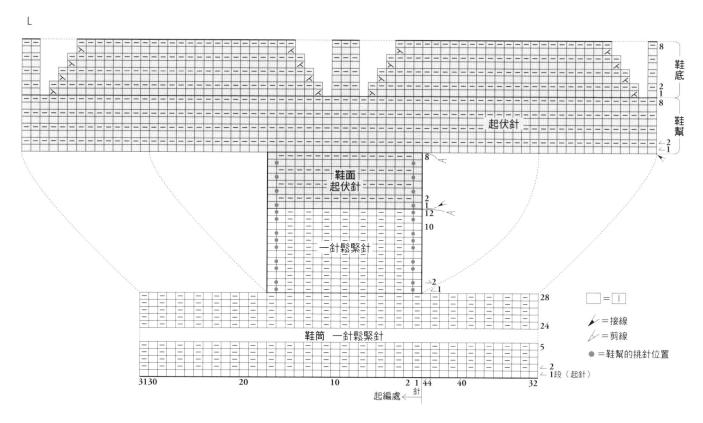

□ = | |
↘ = 接線
↗ = 剪線
● = 鞋幫的挑針位置

鏤空編織涼鞋 page / 8,10

線材 / Hamanaka Aprico
　　S … 薩克森藍（11）、橘色（3）各10g
　　L … 粉紅色（4）15g、洋紅（7）10g
工具 / 3/0號鉤針
其他 / 直徑7mm的按釦2組
密度 / 短針　17針為6cm、13段為3.5cm
鞋底長 / S … 8cm　L … 10.5cm

〈 織法 〉
取1條織線，以指定的配色鉤織。
鞋底鉤織方法同p.50織圖，接續鉤織鞋底側面後剪線。
在指定位置接線鉤織鞋後踵，依織圖一邊鉤織短針一邊
減針。鎖針起針從鞋頭開始鉤織鞋面，沿鏤空周圍鉤引
拔針作出滾邊。鎖針起針鉤織鞋帶後，如圖示接縫於鞋
後踵，裝上按釦即完成。

TOP
SIDE

＊無記號為S，▨▨▨ 為L尺寸（只有一個數字時則是通用）。
＊織圖為單隻鞋份量，再編織相同的另一隻鞋即可。按釦則是對稱裝上。

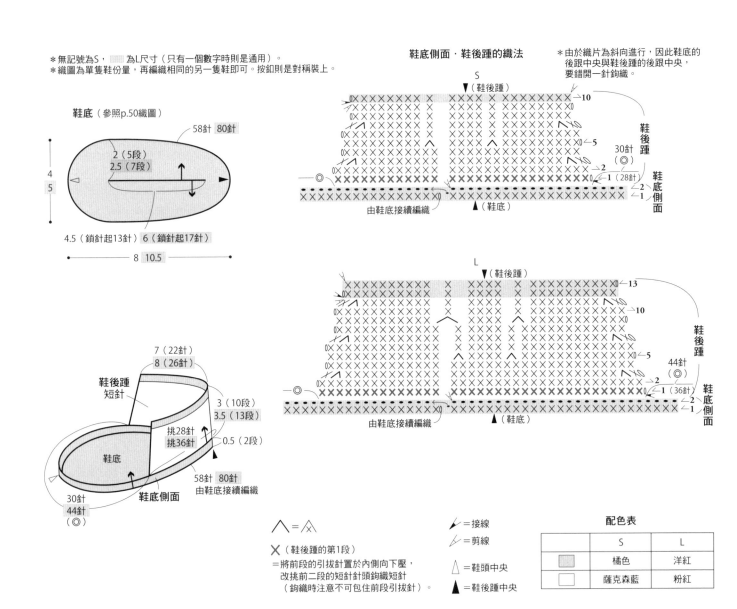

鞋底（參照p.50織圖）

58針　80針

2（5段）
2.5（7段）

4
5

4.5（鎖針起13針）6（鎖針起17針）

8　10.5

7（22針）
8（26針）

鞋後踵
短針

3（10段）
3.5（13段）

挑28針
挑36針

0.5（2段）

鞋底

鞋底側面

58針　80針
由鞋底接續編織

30針
44針
（◎）

鞋底側面・鞋後踵的織法

＊由於織片為斜向進行，因此鞋底的
後跟中央與鞋後踵的後跟中央，
要錯開一針鉤織。

S
▼（鞋後踵）

←10

←5

鞋後踵

30針
（◎）

鞋底側面

←2（28針）
←1

←2
←1

由鞋底接續編織

▲（鞋底）

L
▼（鞋後踵）

←13

←10

←5

鞋後踵

44針
（◎）

鞋底側面

←2（36針）
←1

←2
←1

由鞋底接續編織

▲（鞋底）

∧ = ⋏ ＝⋏

X（鞋後踵的第1段）
＝將前段的引拔針置於內側向下壓，
改挑前二段的短針針頭鉤織短針
（鉤織時注意不可包住前段引拔針）。

⟋ ＝接線
⟋ ＝剪線
△ ＝鞋頭中央
▲ ＝鞋後踵中央

配色表

	S	L
▨▨▨	橘色	洋紅
	薩克森藍	粉紅

鞋面

S

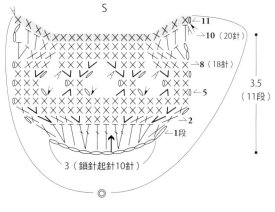

→11
→10（20針）
→8（18針）
←5
→2
←1段
3（鎖針起針10針）

3.5
（11段）

L

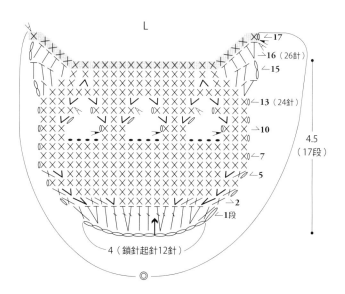

X0←17
→16（26針）
→15
X0→13（24針）
→10
→7
←5
→2
←1段
4（鎖針起針12針）

4.5
（17段）

∨ = ∨∕   ∕ = 接線

∧ = ∧∕   ∕ = 剪線

鞋帶

0.7   ←1段

5（鎖針起16針）
6.5（鎖針起20針）

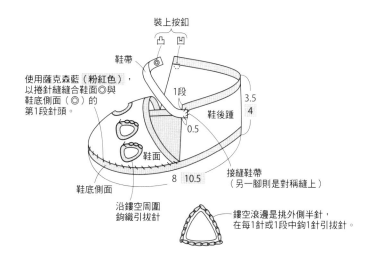

裝上按釦
凸 凹
鞋帶
使用薩克森藍（粉紅色），   鞋帶
以捲針縫縫合鞋面◎與   1段   鞋後踵
鞋底側面（◎）的   3.5
第1段針頭。   4
0.5
鞋面
接縫鞋帶
（另一腳則是對稱縫上）
鞋底側面   8 10.5
沿鏤空周圍
鉤織引拔針
鏤空滾邊是挑外側半針，
在每1針或1段中鉤1針引拔針。

配色表

	S	L
▨	橘色	洋紅
□	薩克森藍	粉紅

蕾絲編織涼鞋 page / 11

線材 / Hamanaka Aprico
　　　黃綠色（14）S … 15g　L … 25g
工具 / 3/0號鉤針
其他 / 直徑7mm的按扣2組
密度 / 短針　17針為6cm、13段為3.5cm
鞋底長 / S … 8cm　L … 10.5cm

〈 織法 〉
取1條織線鉤織。
鞋底鉤織方法同p.50織圖，鞋底側面與鞋後踵則是與
p.54相同。輪狀起針從鞋頭開始鉤織鞋面，完成半圓形
之後，再沿周圍鉤織一圈。以捲針縫併縫鞋面與鞋底側
面。鞋帶織法同p.55，如圖示接縫於鞋後踵，裝上按釦
即完成。

* 無記號為S，▨▨▨▨ 為L尺寸（只有一個數字時則是通用）。
* 織圖為單隻鞋份量，再編織相同的另一隻鞋即可。按釦則是對稱裝上。

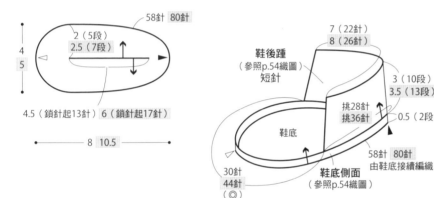

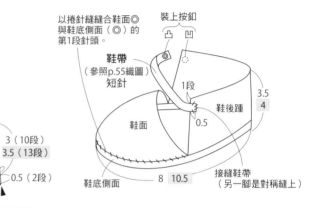

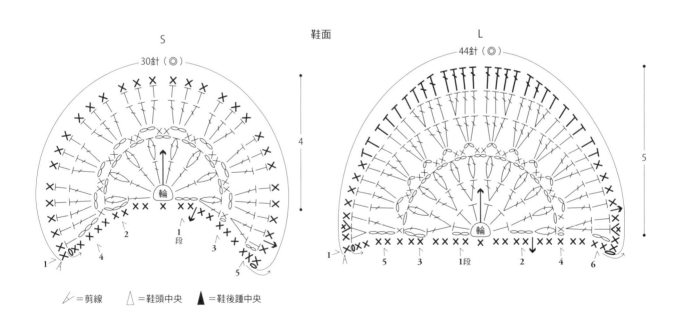

鞋面

S　　　　　　　　　　　　　L

=剪線　　△=鞋頭中央　　▲=鞋後踵中央

56

T字帶涼鞋　page / 11

線材 / Hamanaka Aprico
　　黃色（16）S … 10g　L … 15g
　　薰衣草（9）S … 10g　L … 15g
工具 / 3/0號鉤針
其他 / 直徑7mm的按扣2組
密度 / 短針　17針為6cm、13段為3.5cm
鞋底長 / S … 8cm　L … 10.5cm

〈 織法 〉
取1條織線，以指定的配色編織。
鞋底鉤織方法同p.50織圖，鞋底側面與鞋後踵則是與
p.54相同。鎖針起針從鞋頭開始鉤織鞋面。鞋帶A是鎖
針起針鉤短針，鞋帶B則是在鞋面的指定位置接線，鎖
針起針至鞋帶A的中央引拔固定後，往回鉤短針。以捲
針縫併縫鞋面與鞋底側面，裝上按釦即完成。

TOP
SIDE

＊無記號為S，▢▢▢為L尺寸（只有一個數字時則是通用）。
＊織圖為單隻鞋份量，再編織相同的另一隻鞋即可。按釦則是對稱裝上。

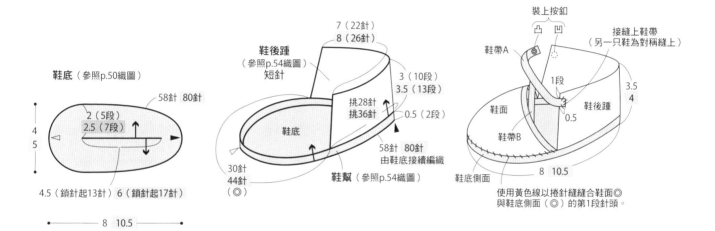

鞋底（參照p.50織圖）
58針　80針
2（5段）
2.5（7段）
4
5
4.5（鎖針起13針）6（鎖針起17針）
8　10.5

7（22針）
8（26針）
鞋後踵
（參照p.54織圖）
短針
鞋底
3（10段）
3.5（13段）
挑28針
挑36針
0.5（2段）
58針　80針
由鞋底接續編織
30針
44針
（◎）
鞋幫（參照p.54織圖）

裝上按釦
凸　凹
接縫上鞋帶
（另一只鞋為對稱縫上）
鞋帶A
1段
3.5
4
鞋面
鞋後踵
0.5
鞋帶B
8　10.5
鞋底側面
使用黃色線以捲針縫縫合鞋面◎
與鞋底側面（◎）的第1段針頭。

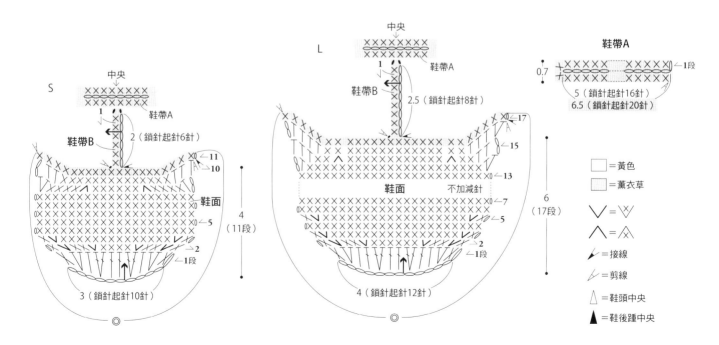

S
中央
鞋帶A
1
鞋帶B
2（鎖針起針6針）
鞋面
11
10
0
3（鎖針起針10針）
5
2
1段
4
（11段）

L
中央
鞋帶A
鞋帶B
1
2.5（鎖針起針8針）
鞋面　不加減針
17
15
13
7
5
2
1段
4（鎖針起針12針）
6
（17段）

鞋帶A
0.7
1段
5（鎖針起針16針）
6.5（鎖針起針20針）

▢ = 黃色
▢ = 薰衣草
∨ = ∨
∧ = ∧
╱ = 接線
╱ = 剪線
△ = 鞋頭中央
▲ = 鞋後踵中央

57

W 雕花牛津鞋 page / 12

線材 / Hamanaka Aprico
　　S … 象牙白（1）、焦茶色（19）各10g
　　L … 象牙白（1）、橘色（3）各15g
工具 / 3/0號鉤針
密度 / 短針　17針為6cm、9段為2.5cm
鞋底長 / S … 8cm　L … 10.5cm

〈織法〉
取1條織線，以指定的配色編織。
鞋底鉤織方法同p.50織圖，接續鉤織鞋底側面後剪線。在指定位置接線鉤織鞋後踵，並且在短針之間作出穿繩孔與鞋後踵拉片。鎖針起針，從鞋頭開始鉤織鞋面。裝飾片同樣是鎖針起針，鉤織花樣編，接著在指定位置接線，沿邊緣鉤織短針。以捲針縫將鞋面與鞋底側面、鞋後踵縫合。在鞋底側面縫合裝飾片，鉤織鞋帶，穿好鞋帶後打結即完成。

TOP
SIDE

＊無記號為S，▨▨ 為L尺寸（只有一個數字時則是通用）。
＊織圖為單隻鞋份量，再編織相同的另一隻鞋即可。按釦則是對稱裝上。

鞋底側面・鞋後踵織法

＊由於織片為斜向進行，
　因此鞋底的後跟中央與鞋後踵的後跟中央，
　要錯開一針鉤織。

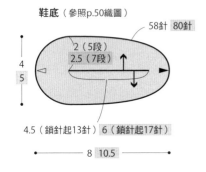

鞋底（參照p.50織圖）

58針 80針

4 / 5

2（5段）
2.5（7段）

4.5（鎖針起13針） 6（鎖針起17針）

8 10.5

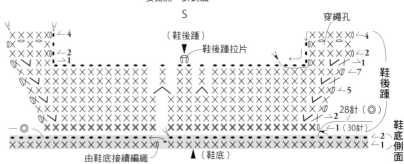

S

L

穿繩孔
（鞋後踵）
鞋後踵拉片
28針（◎）
（30針）
鞋後踵
鞋底側面
由鞋底接續編織
（鞋底）

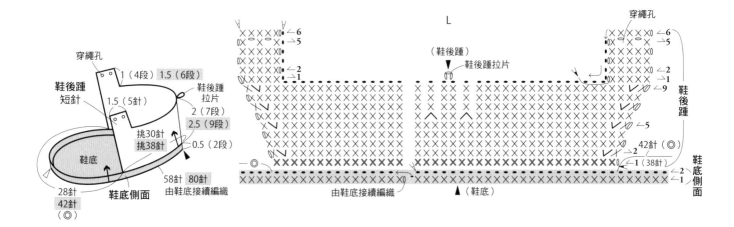

穿繩孔
鞋後踵
短針
1（4段） 1.5（6段）
1.5（5針）
鞋後踵拉片
2（7段）
2.5（9段）
0.5（2段）
挑30針
挑38針
鞋底
58針 80針
由鞋底接續編織
28針
42針
（◎）
鞋底側面

（鞋後踵）
鞋後踵拉片
42針（◎）
（38針）
鞋後踵
鞋底側面
由鞋底接續編織
（鞋底）

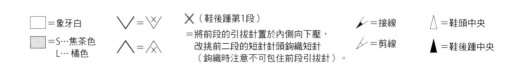

□=象牙白

▨=S…焦茶色
　L…橘色

∨=∨

∧=∧

Ｘ（鞋後踵第1段）
=將前段的引拔針置於內側向下壓，
改挑前二段的短針針頭鉤織短針
（鉤織時注意不可包住前段引拔針）。

↗=接線
↗=剪線

△=鞋頭中央
▲=鞋後踵中央

58

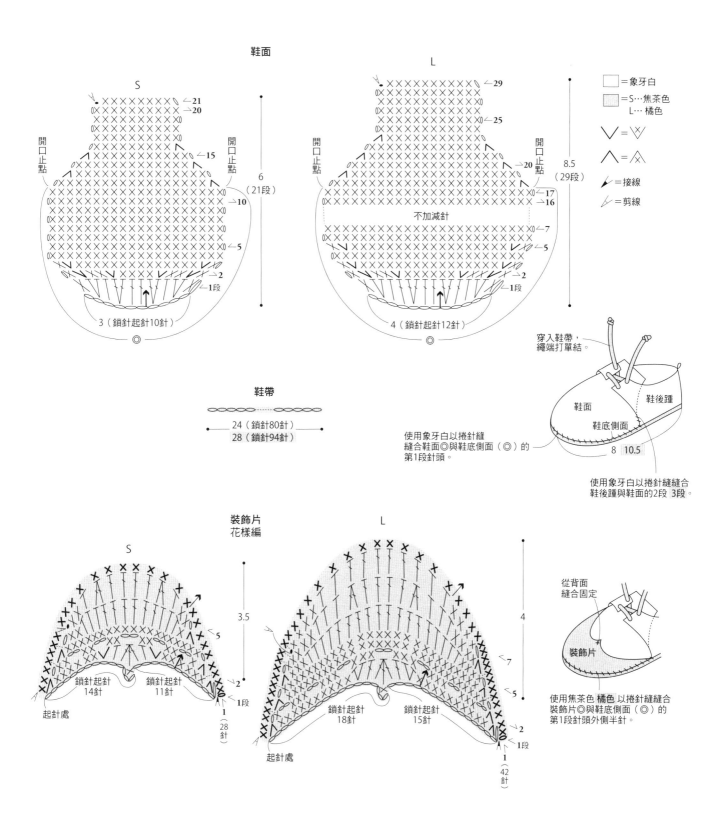

鞋面

S

←21
→20
←15
→10
←5
→2
1段

開口止點
開口止點
3（鎖針起針10針）

L

←29
←25
←20
←17
←16
←7
←5
←2
1段

開口止點
開口止點
不加減針
4（鎖針起針12針）

6（21段）

8.5（29段）

□ =象牙白
▨ =S…焦茶色
　　L…橘色
\/ = \W
/\ = /X

↗ =接線
↘ =剪線

鞋帶

24（鎖針80針）
28（鎖針94針）

穿入鞋帶，
繩端打單結。

鞋面
鞋後踵
鞋底側面

使用象牙白以捲針縫
縫合鞋面◎與鞋底側面（◎）的
第1段針頭。

8　10.5

使用象牙白以捲針縫縫合
鞋後踵與鞋面的2段 3段。

裝飾片
花樣編

S

←5
←2
1段
（28針）

鎖針起針
14針
鎖針起針
11針
起針處

3.5

L

←7
←5
←2
1段
1
（42針）

鎖針起針
18針
鎖針起針
15針
起針處

4

從背面
縫合固定

裝飾片

使用焦茶色 橘色 以捲針縫縫合
裝飾片◎與鞋底側面（◎）的
第1段針頭外側半針。

W 雕花牛津鞋 page / 13

線材 / Hamanaka Aprico
　　　芥末黃（17）S … 15g　L … 20g
　　　淺褐色（22）S、L … 各10g
工具 / 3/0號鉤針
密度 / 短針　17針為6cm、9段為2.5cm
鞋底長 / S … 8cm　L … 10.5cm

〈 織法 〉
取1條織線，以指定的配色編織。
鞋底鉤織方法同p.50織圖，鞋底側面同p.58織圖。鞋後跟與鞋面分別依p.58、p.59織圖鉤織至指定段為止，之後按本頁織圖繼續鉤織。以捲針縫將鞋面與鞋底側面、鞋後跟縫合。鉤織鞋帶後穿入鞋孔。鎖針起針鉤織流蘇，分別捲在鞋帶兩端，以藏針縫固定即可。

*無記號為S，▨為L尺寸（只有一個數字時則是通用）。
*織圖為單隻鞋份量，再編織相同的另一隻鞋即可。按釦則是對稱裝上。

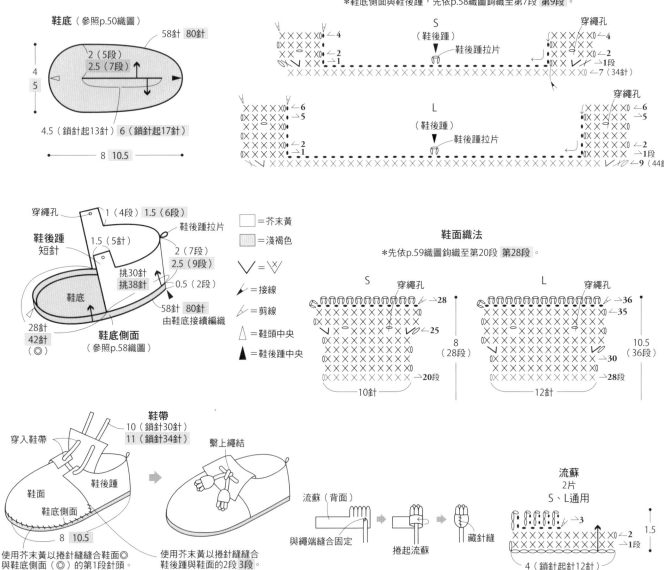

60

費爾島圖案長筒襪套　page / 16

線材 / Hamanaka Exceed Wool FL〈合太〉
　　磚紅色（240）25g、
　　米白色（201）、鮭魚粉（208）各10g
工具 / 4號棒針4枝
密度 / 平面編的織入圖案
　　26針28段為10cm平方
尺寸 / 襪筒圍17cm、長21.5cm

〈 織法 〉
取1條織線，以指定的配色編織。
手指掛線起針法起針連接成環，編織一針鬆緊針。加1針開始編織平面編的織入圖案，
在織入圖案的最終段減1針。接著編織一針鬆緊針，收針是進行與前段記號相同的套收
針。

＊編織2件相同的作品。

一針鬆緊針　　與前段記號相同的
　　　　　　　套收針

2.5（7段）

減至44針

平面編的
織入圖案
（僅最後1針織上針）

16.5
（46段）

加至17（45針）

一針鬆緊針

2.5（8段）

起44針連接成環

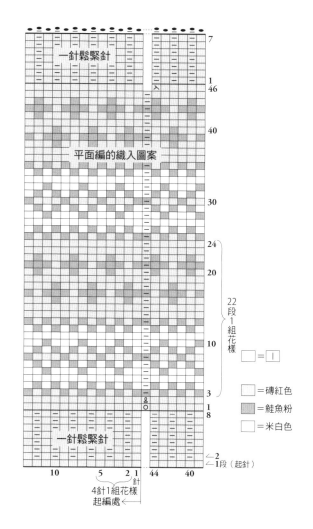

一針鬆緊針

7

1
46

40

平面編的織入圖案

30

24

20

22
段
1
組
花
樣

10

3
1
8

□＝回

□＝磚紅色

▨＝鮭魚粉

□＝米白色

一針鬆緊針

←2
←1段（起針）

10　　　5　　2 1
　　　　　　　針
　4針1組花樣
　　起編處←

44　　　40

61

費爾島圖案短靴 page / 16

線材 / Hamanaka Exceed Wool FL〈合太〉
　　S … 磚紅色（240）15g、
　　　　米白色（201）10g、鮭魚粉（208）5g
　　L … 芥末黃（243）20g、
　　　　薩克森藍（244）15g、米白色（201）5g
工具 / 4號棒針4枝
密度 / 平面編的織入圖案
　　26針為10cm、20段為7cm
鞋底長 / S … 9cm　L … 11.5cm

〈織法〉
取1條織線，以指定的配色編織。
手指掛線起針法起針連接成環，開始編織鞋筒的起伏針，與平面編的織入圖案。接著編織鞋幫與鞋面，依織圖進行平面編的加針；編織至鞋底時則是進行起伏針的減針。收針側暫休針，以平針併縫接合。

SIDE

＊無記號為S，▨▨ 為L尺寸（只有一個數字時則是通用）。
＊織圖為單隻鞋份量，再編織相同的另一隻鞋即可。按鈕則是對稱裝上。

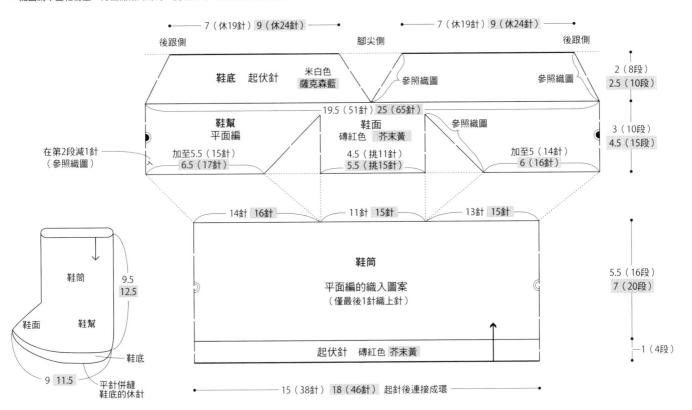

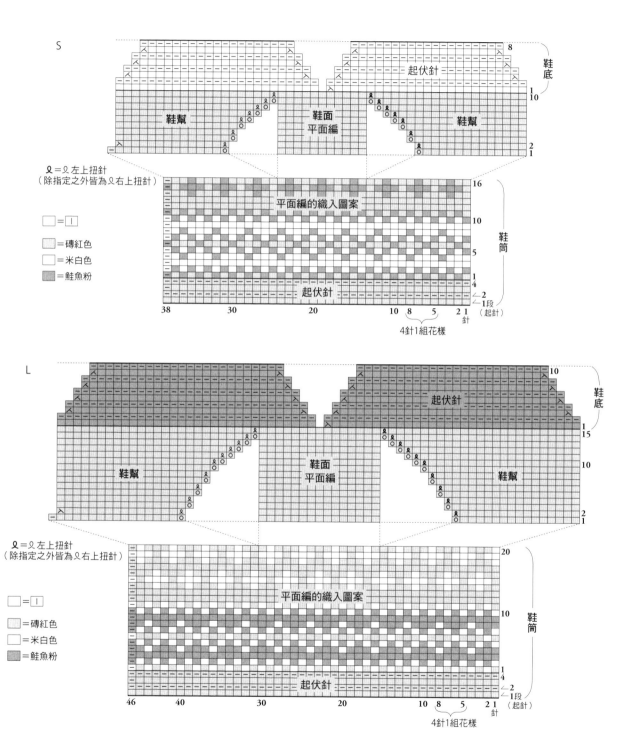

S

鞋底

起伏針

鞋幫

鞋面
平面編

鞋幫

ㅿ=ㅿ左上扭針
（除指定之外皆為ㅿ右上扭針）

□=Ⅰ

□=磚紅色

□=米白色

■=鮭魚粉

平面編的織入圖案

鞋筒

起伏針

38　　30　　20　　10　8　5　2 1
針

4針1組花樣

L

鞋底

起伏針

鞋幫

鞋面
平面編

鞋幫

ㅿ=ㅿ左上扭針
（除指定之外皆為ㅿ右上扭針）

□=Ⅰ

□=磚紅色

□=米白色

■=鮭魚粉

平面編的織入圖案

鞋筒

起伏針

46　　40　　30　　20　　10　8　5　2 1
針

4針1組花樣

費爾島圖案帽 page / 17

線材 / Hamanaka Exceed Wool FL〈合太〉
　　S … 芥末黃（243）20g、
　　　　薩克森藍（244）、米白色（201）各5g
　　L … 芥末黃（243）25g、
　　　　薩克森藍（244）10g、米白色（201）5g
工具 / 4號棒針4枝
密度 / 平面編的織入圖案
　　　26針為10cm、22段為8cm
尺寸 / S…頭圍43cm、高度15.5cm
　　　L…頭圍46cm、高度18m

〈織法〉
取1條織線，以指定的配色編織。
手指掛線起針法起針連接成環，編織一針鬆緊針。加1
針開始編織平面編的織入圖案，在帽頂的第1段減1針。
接著一邊編織平面編，一邊進行減針。收針側的最後16
針，穿線後縮口束緊。

＊無記號為S，▨為L尺寸
　（只有一個數字時則是通用）。

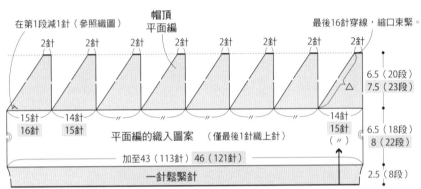

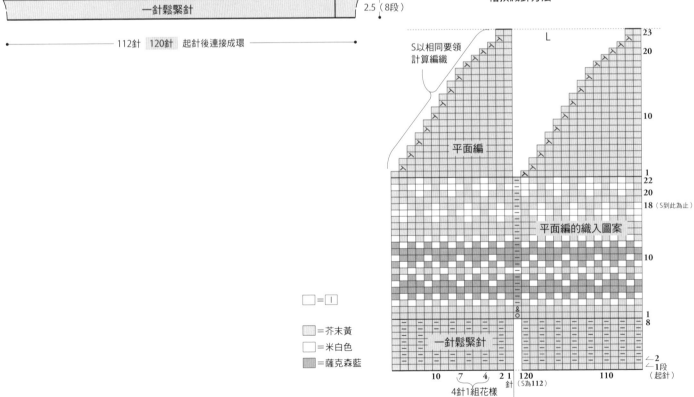

平面編織入圖案 &
帽頂減針方法

□=米白色
▨=芥末黃
▨=薩克森藍

法國草編鞋　page / 20

線材 / S … Hamanaka Paume〈無垢棉〉Crochet
　　　　原色（1）15g
　　　L … Hamanaka Paume cotton linen棉麻混紡
　　　　原色（201）、淺駝色（202）各10g
工具 / S … 3/0號鉤針　L … 5/0號鉤針
密度 / 短針　S … 15針為5cm、4段為1.5cm
　　　　　　L … 15針為6.5cm、4段為2cm
鞋底長 / S … 8.5cm　L … 11cm

〈 織法 〉
取1條織線，L以指定的配色編織。
鞋幫是鎖針起針72針，來回鉤織1圈就剪線。鞋底是鎖
針起針15針，依織圖指示進行加針，鉤織4段後休針。
疊合鞋幫與鞋底，以鞋底休針的織線在★部分進行短針
併縫。

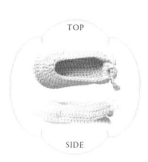

TOP

SIDE

＊無記號為S，▨▨▨為L尺寸（只有一個數字時則是通用）。
＊織圖為單隻鞋份量，再編織相同的另一隻鞋即可。按釦則是對稱裝上。

鞋底　L… 原色

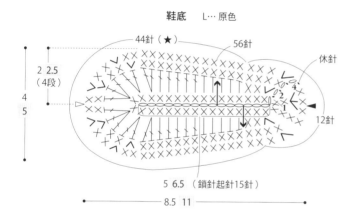

44針（★）　　56針　　　休針

2 2.5
（4段）

4
5

5 6.5 （鎖針起針15針）

12針

8.5 11

＊由於織片為斜向進行，
　因此鞋底的腳尖中央與鞋幫的腳尖中央，
　要錯開一針縫合。

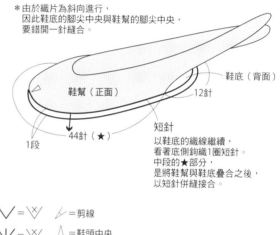

鞋底（背面）

鞋幫（正面）

12針

1段

44針（★）

短針
以鞋底的織線繼續，
看著底側鉤織1圈短針。
中段的★部分，
是將鞋幫與鞋底疊合之後，
以短針併縫接合。

$\vee$ ＝ $\underset{\vee}{\vee}$　／＝剪線

$\underset{\vee}{\vee}$ ＝ $\underset{\vee}{\vee}$　△＝鞋頭中央

▲＝鞋後踵中央

鞋幫　L… 淺駝色

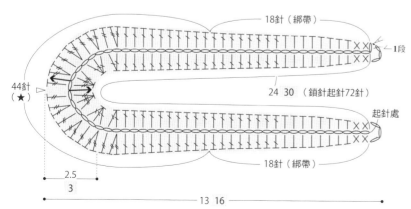

18針（綁帶）

1段

44針
（★）

24 30 （鎖針起針72針）

起針處

18針（綁帶）

2.5
3

13 16

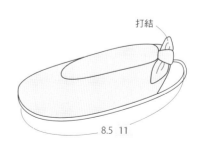

打結

8.5 11

純棉短靴　page / 19

線材 / Hamanaka かわいい赤ちゃん〈PURE COTTON〉
　　　白色（1）S…15g　L…20g
工具 / 3號棒針4枝　3/0號鉤針
密度 / 起伏針　25針為10cm、12段為3.5cm
　　　一針鬆緊針　13針為5cm、20段為6cm
鞋底長 / S…8cm　L…10cm

〈織法〉
取1條織線，除鞋帶之外皆以3號棒針編織。
手指掛線起針法起針，從鞋筒開始編織，完成往復編的
起伏針之後，暫休針。在指定位置接線，以往復編編織
鞋面的一針鬆緊針後剪線。鞋幫是以鞋筒休針的織線，
在鞋筒與鞋面挑針，進行一針鬆緊針的往復編。接著，
依織圖進行起伏針的減針，編織鞋底。收針側暫休針，
以平針併縫接合。鞋筒兩端挑針綴縫連接成環（後跟
側），以3/0號鉤針鉤織鞋帶，穿入指定位置後打結。

TOP

SIDE

＊無記號為S，▨▨▨為L尺寸（只有一個數字時則是通用）。
＊織圖為單隻鞋份量，再編織相同的另一隻鞋即可。按鈕則是對稱裝上。

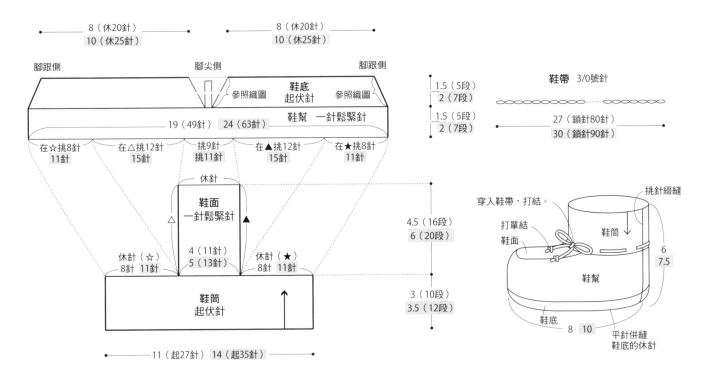

S

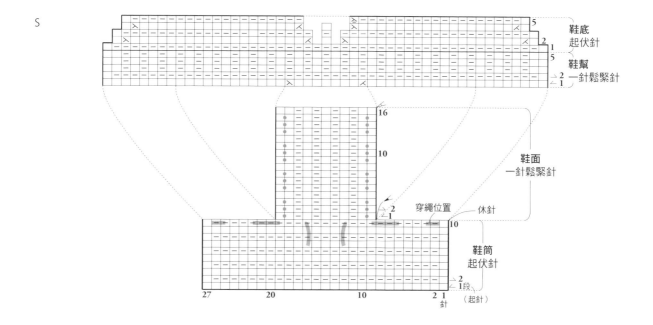

鞋底
起伏針

5

2
1

鞋幫
一針鬆緊針

2
1

16

10

鞋面
一針鬆緊針

2
1
穿繩位置

休針

10

鞋筒
起伏針

2
1段
（起針）

27   20   10   2 1
針

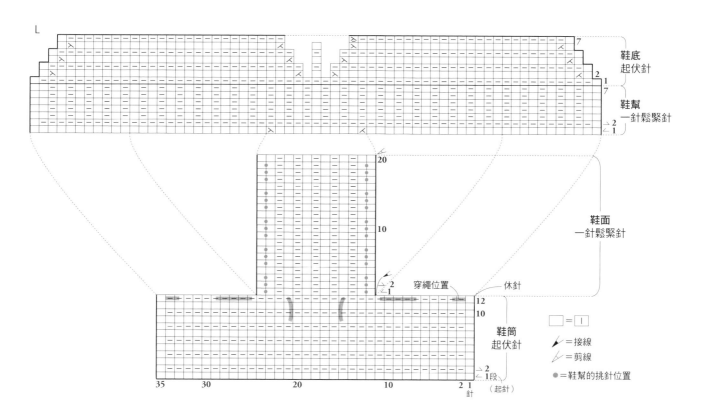

L

鞋底
起伏針

7

2
1

鞋幫
一針鬆緊針

7

2
1

20

10

鞋面
一針鬆緊針

2
1
穿繩位置

休針

12
10

鞋筒
起伏針

2
1段
（起針）

35 30   20   10   2 1
針

□=□
=接線
=剪線
●=鞋幫的挑針位置

山羊短靴 page / 25

線材 / Hamanaka Exceed Wool FL〈合太〉
　　　灰色（237）S … 10g　L … 15g
　　　Hamanaka Sonomono Healy
　　　原色（121）S … 5g　L … 10g
工具 / 4號棒針4枝　3/0號鉤針
密度 / 花樣編　26針為10cm、22段為6cm
鞋底長 / S … 8.5cm　L … 11cm

〈織法〉
取1條織線，以指定的配色編織，除耳朵之外皆以4號棒針編織。
手指掛線起針法起針，從鞋後踵開始編織，依織圖以往復編進行平面編的減針後，暫休針。接著，沿鞋後踵的三邊挑針編織鞋幫，以往復編編織花樣編，加3針之後改以輪編進行。繼續以平面編編織鞋頭，收針段最後的針目全部穿線，縮口束緊。以3/0號鉤針編織耳朵，接縫後在鞋頭繡縫表情。接著沿鞋後踵與鞋幫挑針，開始編織鞋筒，以輪編進行一針鬆緊針，收針是與前段記號相同的套收針。

＊無記號為S，▨▨▨為L尺寸（只有一個數字時則是通用）。
＊織圖為單隻鞋份量，再編織相同的另一隻鞋即可。按釦則是對稱裝上。

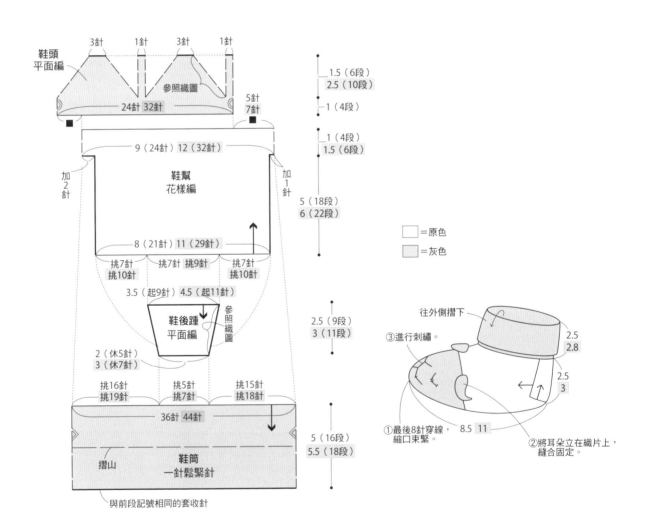

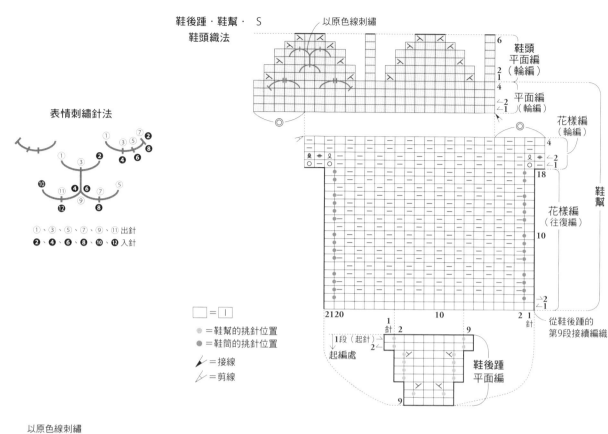

鞋後踵・鞋幫・ S
鞋頭織法

以原色線刺繡

表情刺繡針法

①、③、⑤、⑦、⑨、⑪ 出針
❷、❹、❻、❽、❿、⓬ 入針

□ = □

◑ = 鞋幫的挑針位置
● = 鞋筒的挑針位置

✎ = 接線
✎ = 剪線

鞋頭
平面編
（輪編）

平面編
（輪編）

花樣編
（輪編）

鞋幫

花樣編
（往復編）

花樣編
（輪編）

從鞋後踵的
第9段接續編織

1段（起針）
起編處

鞋後踵
平面編

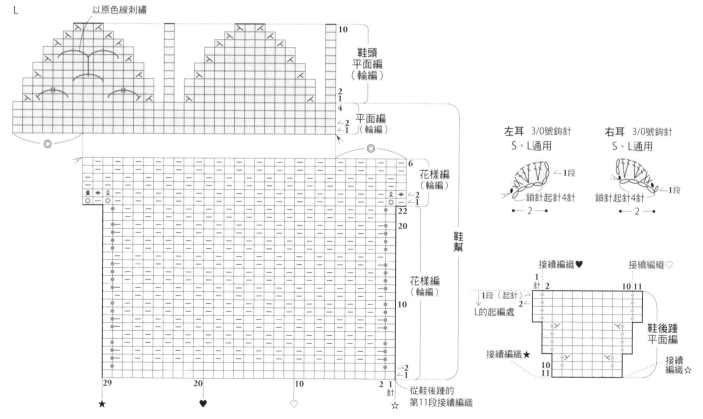

L

以原色線刺繡

鞋頭
平面編
（輪編）

平面編
（輪編）

花樣編
（輪編）

鞋幫

花樣編
（輪編）

從鞋後踵的
第11段接續編織

★   ♥   ♡

左耳　3/0號鉤針
S、L通用

右耳　3/0號鉤針
S、L通用

←1段
鎖針起針4針
← 2 →

←1段
鎖針起針4針
← 2 →

接續編織♥

接續編織♡

1段（起針）
L的起編處

鞋後踵
平面編

接續編織★

接續編織☆

接續編織★

兔耳帽 page / 28

線材 / Hamanaka Paume〈無垢棉〉baby
　　　　原色（11）S…30g　L…40g
工具 / 3號、5號棒針各2枚　5/0號鉤針
密度 / 平面編　23.5針31段為10cm平方
尺寸 / 參照織圖

〈織法〉
取1條織線，以指定的編織針進行。
手指掛線起針法起針，從臉圍處開始，以3號棒針編織二針鬆緊針。接著改換成5號棒針，編織花樣編與平面編，依織圖從指定段開始進行帽頂部分的減針。最終段暫休針，織片正面相對以引拔針併縫。耳朵也是手指掛線起針，依織圖加減針，收針段一邊減針一邊織套收針，再縫於指定位置。使用5/0號鉤針在指定位置接線，鉤織綁帶，並於前端接上流蘇即完成。

*無記號為S，▨▨▨為L尺寸（只有一個數字時則是通用）。

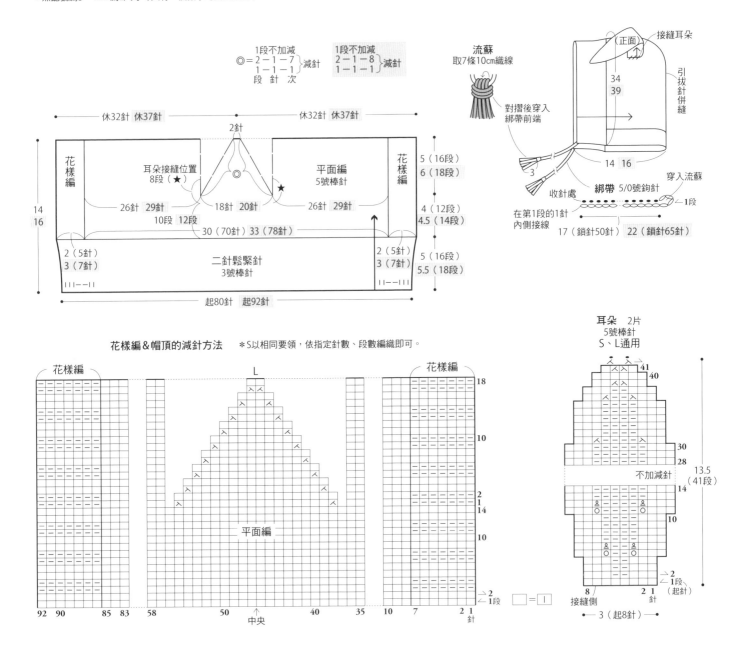

70

怪獸帽　page / 31

線材 / Hamanaka Paume baby color
　　　淺綠色（94）S…25g　L…35g
　　　薄荷綠（97）S、L…各5g
工具 / 3號、5號棒針各2支　5號棒針4枝　5/0號鉤針
密度 / 平面編 23.5針31段為10cm平方
尺寸 / 參照織圖

〈織法〉
取1條織線，以指定的編織針和配色進行。
手指掛線起針法起針，從臉圍處開始，以3號棒針編織二針鬆緊針。接著改換成5號棒針，編織花樣編與平面編，依織圖從指定段開始在中央兩側減針，最終段暫休針。三個怪獸角是分別沿帽頂側輪狀挑針，一邊進行平面編一邊減針，最終段針目穿線，縮口束緊。其餘休針針目以引拔針併縫。使用5/0號鉤針在指定位置接線，鉤織綁帶，並於前端接上流蘇即完成。

＊無記號為S，▨ 為L尺寸（只有一個數字時則是通用）。

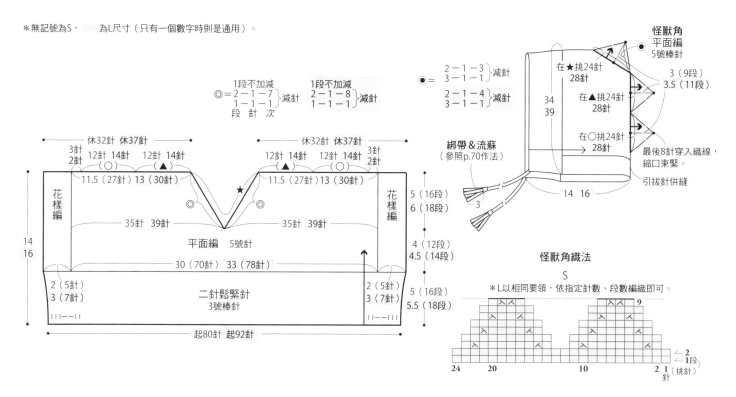

花樣編&帽頂的減針方法　＊L以相同要領，依指定針數、段數編織即可。

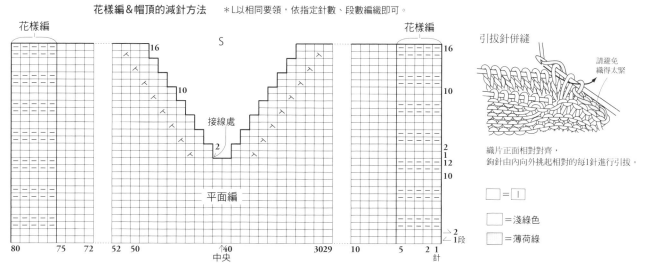

兔子短靴　怪獸短靴 page / 28,30

線材／〔兔子〕Hamanaka Paume〈無垢棉〉baby
　　　原色（11）S…15g　L…25g
　　　〔怪獸〕Hamanaka Paume baby color
　　　淺綠色（94）S…15g　L…25g
　　　薄荷綠（97）S、L…各少量
工具／3號、4號棒針各4枝　5/0號鉤針
密度／平面編　18針為8cm、20段為6cm
鞋底長／S…8cm　L…11cm

〈織法〉
取1條織線，以指定的編織針進行。怪獸短靴除腳爪之外，皆以淺綠色編織。
手指掛線起針法起針，從鞋筒開始以3號棒針進行輪編的二針鬆緊針。接著改換成4號棒針編織鞋面，依織圖以往復編進行平面編的加針。接著在鞋筒與鞋面挑針，以輪編的平面編編織鞋幫。一邊減針一邊編織鞋底，收針側暫休針，以平針併縫接合。以5/0號鉤針鉤織腳爪，縫於指定位置即完成。

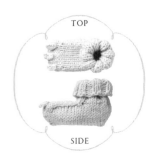

＊兔子短靴與怪獸短靴除腳爪之外，其餘皆通用。
＊無記號為S，▨▨為L尺寸。
＊織圖為單隻鞋份量，再編織相同的另一隻鞋即可。

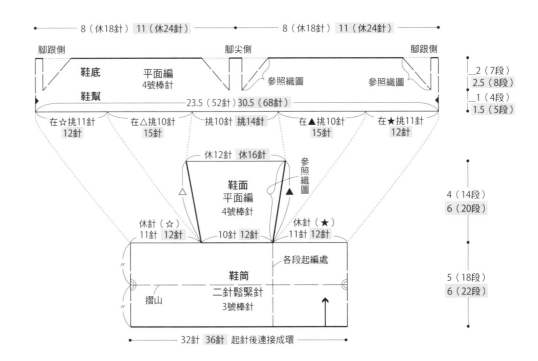

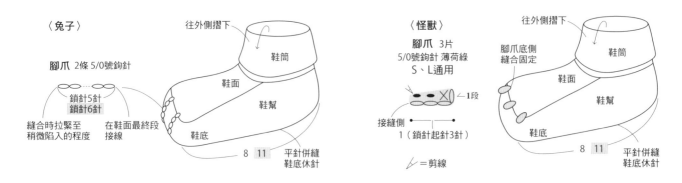

S

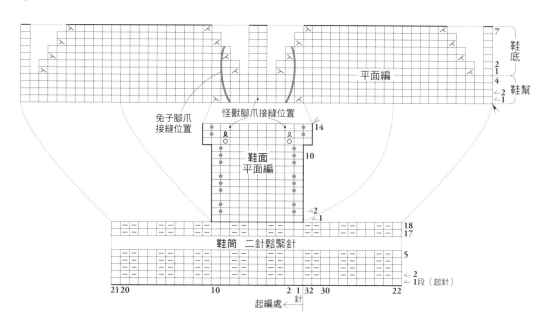

兔子腳爪
接縫位置

怪獸腳爪接縫位置

鞋底

鞋幫

平面編

鞋面
平面編

鞋筒　二針鬆緊針

起編處

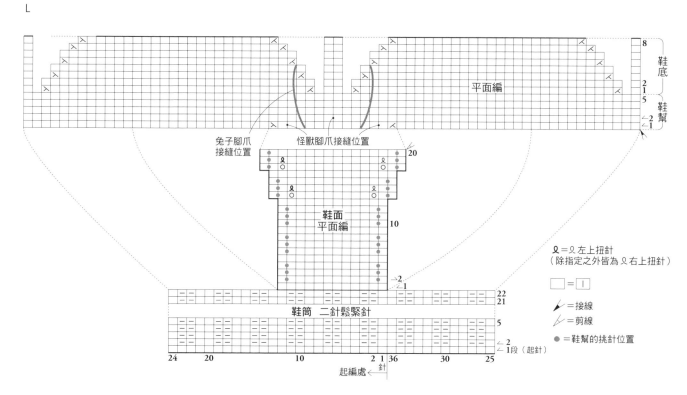

L

兔子腳爪
接縫位置

怪獸腳爪接縫位置

鞋底

鞋幫

平面編

鞋面
平面編

鞋筒　二針鬆緊針

起編處

ℚ＝左上扭針
（除指定之外皆為右上扭針）

□＝｜

＝接線

＝剪線

●＝鞋幫的挑針位置

草莓帽　page / 32

線材 / Hamanaka Exceed Wool FL〈合太〉
　　　珊瑚粉（239）S…35g・L…40g
　　　綠色（241）S、L…各10g
　　　米白色（201）S、L…各少量
工具 / 6/0號鉤針
密度 / 花樣編（中長針的畝編部分）
　　　21.5針14段為10cm平方
尺寸 / 頭圍　S…43cm　L…46cm

〈 織法 〉
取1條織線，以指定的配色鉤織。
鎖針起針開始鉤織帽冠，進行不加減針的花樣編。將帽冠的起針側與收針側對齊，以捲針縫連接成環。接著在帽冠上挑針，以輪編的短針鉤織帽頂，最後8針穿線，縮口束緊。鎖針起針分別依織圖鉤織葉子、種子後，縫合固定。

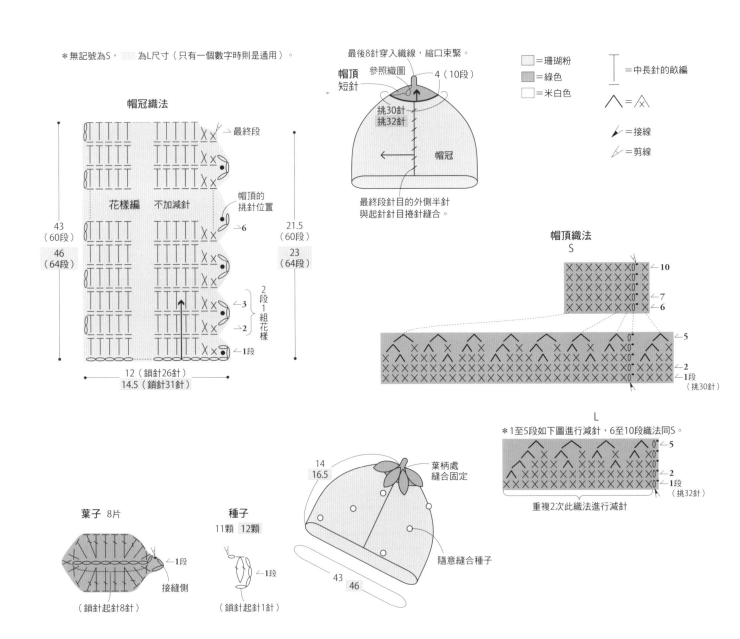

*無記號為S，▨ 為L尺寸（只有一個數字時則是通用）。

最後8針穿入織線，縮口束緊。
帽頂 短針　參照織圖
4（10段）
挑30針　挑32針　帽冠
最終段針目的外側半針與起針針目捲針縫合。

□=珊瑚粉
▨=綠色
□=米白色
T=中長針的畝編
∧=⌃
↗=接線
↗=剪線

帽冠織法
花樣編　不加減針
→最終段
帽頂的挑針位置
→6
2段1組花樣
→3
→2
→1段
43（60段）　46（64段）
21.5（60段）　23（64段）
12（鎖針26針）　14.5（鎖針31針）

帽頂織法 S
→10　→7　→6　→5　→2　→1段（挑30針）

L
*1至5段如下圖進行減針，6至10段織法同S。
→5　→2　→1段（挑32針）
重複2次此織法進行減針

葉子 8片
→1段
接縫側
（鎖針起針8針）

種子
11顆　12顆
→1段
（鎖針起針1針）

14　16.5　葉柄處縫合固定
隨意縫合種子
43　46

74

草莓鞋　橡實鞋 page / 33,34

線材 /〔草莓S〕Hamanaka Exceed Wool FL〈合太〉
　　　米白色（201）15g、
　　　珊瑚粉（239）、綠色（241）各5g
　　　〔草莓L〕Hamanaka Exceed Wool L〈並太〉
　　　米白色（301）30g、
　　　珊瑚粉（343）、綠色（345）各10g
　　　〔橡實S〕Hamanaka Exceed Wool FL〈合太〉
　　　綠色（241）15g、焦茶色（206）、茶色（205）各5g
　　　〔橡實L〕Hamanaka Exceed Wool L〈並太〉
　　　綠色（345）30g、焦茶色（305）、茶色（333）各10g
工具 / S…4/0號鉤針　L…6/0號鉤針
密度 / 短針　S…11針為4.5cm、8段為2.5cm
　　　　　　L…11針為6.5cm、8段為3.5cm
鞋底長 / S…8cm　L…11cm

〈織法〉
取1條織線，以指定的配色編織。
鞋底鉤織方法同p.38織圖，接續以輪編鉤織鞋幫後剪線。在鞋幫的指定位置接線，鉤織鞋口，一邊以往復編鉤織短針一邊減針。接著更換色線鉤織緣編。分別以指定色線進行輪編，鉤織草莓蒂頭、果實或橡實。在指定位置接線，鉤織鞋帶，並分別縫合草莓蒂頭、果實或橡實，即完成作品。

*草莓鞋與橡實鞋除裝飾
（草莓果實＆蒂頭、橡實）之外，其餘皆通用。
*S與L皆以相同針數、段數編織。
　無記號為S，　　為L尺寸
　（只有一個數字時則是通用）。
*織圖為單隻鞋份量，再編織相同的另一隻鞋即可。

鞋幫・鞋口・緣編織法

*由於織片為斜向進行，因此鞋底的後跟中央與鞋幫的後跟中央，要錯開一針鉤織。

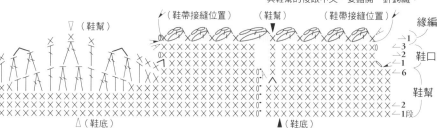

鞋底
（參照p.38織圖）

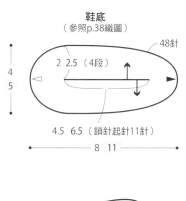

鞋帶
2條
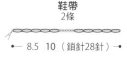
← 8.5　10（鎖針28針）→

草莓蒂頭
2片
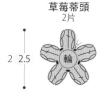

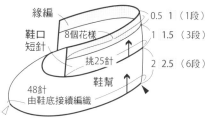

草莓果實
2顆
跳過針目鉤織

橡實
2顆

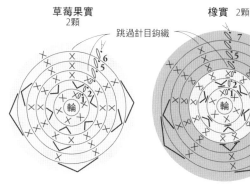

*鉤至第5段時，一邊填入零碎線頭一邊鉤織，最終段針目穿入織線，縮口束緊。

□ = 草莓…米白色
　　橡實…綠色
□ = 草莓…珊瑚粉
　　橡實…茶色
■ = 草莓…綠色
　　橡實…焦茶色

△ = 腳尖中央
▲ = 腳跟中央
↙ = 接線
↙ = 剪線

∨ = 短針加針
∨ = 2短針加針的筋編
∧ = 短針併針
✕ = 短針的筋編
∧ = 2短針併針的筋編

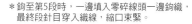

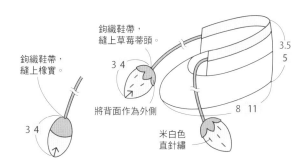

鉤織鞋帶，縫上草莓蒂頭。
鉤織鞋帶，縫上橡實。
將背面作為外側
米白色
直針繡
3　4
3.5
5
8　11

75

兔兔鞋　page / 35

線材 / Hamanaka　かわいい赤ちゃん
　　　　粉紅色（23）S…15g　L…20g
工具 / 5/0號鉤針
其他 / 直徑5mm的焦茶色鈕釦4顆
　　　焦茶色的25號刺繡線
密度 / 短針　11.5針為5cm、7段為3cm
鞋底長 / S…8cm　L…10.5cm

〈 織法 〉
取1條織線編織。
鎖針起針開始鉤織鞋底，依織圖指示以輪編一邊加針一邊進行，繼續鉤織鞋幫後剪線。兔耳也是鎖針起針，依織圖鉤織短針與減針，接縫於指定位置。縫上鈕釦，繡縫臉部，製作絨球尾巴，縫於鞋後踵中央的指定位置即完成。

＊織圖為單隻鞋份量，再編織相同的另一隻鞋即可。

鞋底

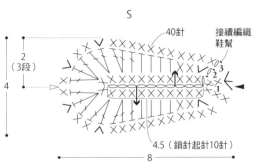

S

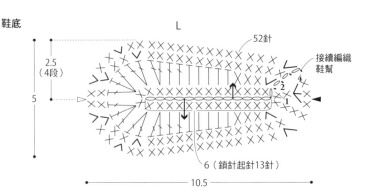

L

＊無記號為S，▨▨為L尺寸（只有一個數字時則是通用）。

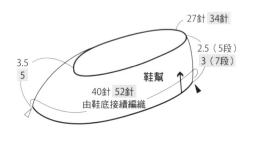

∨ = ∨		△ =鞋頭中央
∧ = ∧		▲ =鞋後踵中央
∨ = ∨		✄ =剪線

鞋幫織法

S

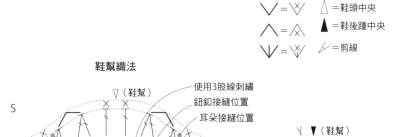

L

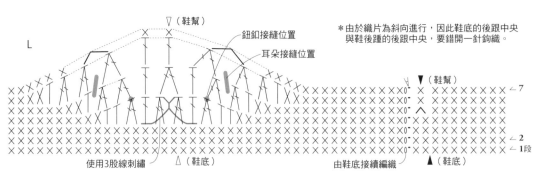

＊由於織片為斜向進行，因此鞋底的後跟中央與鞋後踵的後跟中央，要錯開一針鉤織。

刺繡針法

①、③、⑤、⑦、⑨　出針
❷、❹、❻、❽、❿　入針

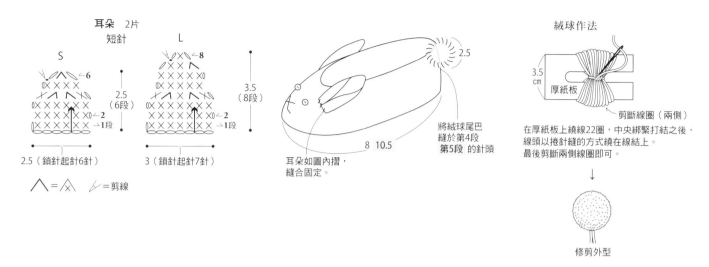

耳朵 2片
短針

S

L

2.5（6段）

3.5（8段）

2.5（鎖針起針6針）

3（鎖針起針7針）

∧=⋀　╱=剪線

2.5

將絨球尾巴
縫於第4段
第5段 的針頭

耳朵如圖內摺，
縫合固定。

8　10.5

絨球作法

3.5
cm

厚紙板

剪斷線圈（兩側）

在厚紙板上繞線22圈，中央綁緊打結之後，
線頭以捲針縫的方式繞在線結上。
最後剪斷兩側線圈即可。

↓

修剪外型

大象鞋 page / 35

線材 / Hamanaka かわいい赤ちゃん
　　　　藍色（6）　S…15g　L…20g
工具 / 5/0號鉤針
其他 / 直徑5mm的黑色鈕釦4顆
密度 / 短針　11.5針為5cm、7段為3cm
鞋底長 / S…8cm　L…10.5cm

〈 織法 〉
取1條織線編織。
鞋底與鞋幫鉤織方法同p.76織圖。耳朵、鼻子、尾巴分
別以鎖針起針，依織圖指示編織。鼻子、尾巴分別預留
20cm長的線段後剪線。在指定位置接縫耳朵、鼻子，
縫上鈕釦，作出臉部。尾巴縫於鞋後踵中央的指定位置
即完成。

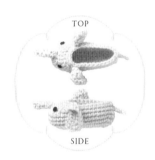

TOP

SIDE

＊無記號為S，▢▢▢為L尺寸（只有一個數字時則是通用）。
＊織圖為單隻鞋份量，再編織相同的另一隻鞋即可。

尾巴
S、L共通

線端預留約20cm

1段

（鎖針起針4針）
（鎖針起針5針）

耳朵 2片
短針

S

L

2（4段）

1段

3.5（鎖針起針8針）

2.5（5段）

1段

4.5（鎖針起針10針）

耳朵內摺2針，
縫合固定。

2段
3段

6針

鈕釦

2.5

鞋面

壓平縫

鼻子以捲針縫連接成環。

∨=⋁　∧=⋀　╱=剪線

鼻子
短針

S

線端預留約20cm

2.5（5段）

2（鎖針起針4針）

L

線端預留約20cm

2.7（6段）

2.5（鎖針起針5針）

1段

縫上尾巴

8　10.5

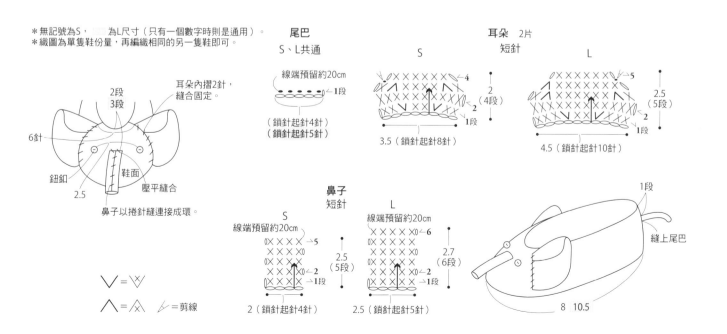

花朵鞋 page / 36

線材 / Hamanaka かわいい赤ちゃん
      S … 淺駝色（25）15g、紅色（30）少量
      L … 藍色（29）20g、灰色（27）少量
工具 / 5/0號鉤針
密度 / 短針　11.5針為5cm、7段為3cm
鞋底長 / S … 8cm　L … 10.5cm

＊織圖為單隻鞋份量，再編織相同的另一隻鞋即可。

〈織法〉
取1條織線，以指定的配色編織。
鞋底與鞋幫鉤織方法同p.76織圖。輪狀起針鉤織花朵，
如圖示一邊更換色線，一邊鉤織。將花朵縫於指定位置
即完成。

＊無記號為S，▨ 為L尺寸（只有一個數字時則是通用）。

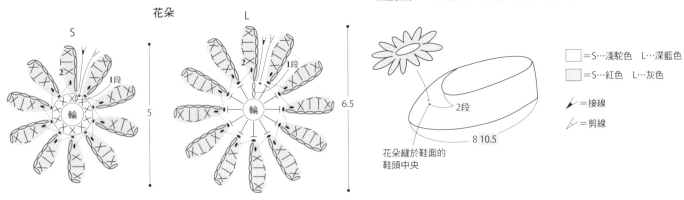

花朵

S

L

1段
2
6.5
5

＝S…淺駝色　L…深藍色
＝S…紅色　L…灰色
＝接線
＝剪線

花朵縫於鞋面的
鞋頭中央

2段

8 10.5

抓握玩具 page / 20

線材 / Hamanaka Paume cotton linen棉麻混紡
      淺駝色（202）5g、原色（201）少量
工具 / 5/0號鉤針
其他 / 手藝用填充棉花　少量
密度 / 短針　32針為10cm、8段為2.5cm
尺寸 / 參照織圖

〈織法〉
取1條織線，以指定的配色編織。
手握圓圈是鎖針起針32針，一邊鉤織短針一邊加減針，收針處預留約30cm後剪線。織
球為輪狀起針，依織圖鉤織短針進行加減針，中途開始一邊鉤織一邊填塞棉花，收針處
預留約20cm後剪線。依照指示組合握圈與織球即完成。

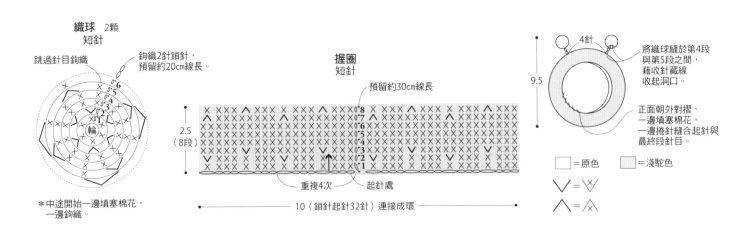

織球　2顆
短針

跳過針目鉤織

鉤織2針鎖針，
預留約20cm線長。

＊中途開始一邊填塞棉花，
　一邊鉤織。

握圈
短針

預留約30cm線長

2.5
（8段）

重複4次　　起針處

10（鎖針起針32針）連接成環

4針

9.5

將織球縫於第4段
與第5段之間，
藉收針藏線
收起洞口。

正面朝外對摺，
一邊填塞棉花，
一邊捲針縫合起針與
最終段針目。

＝原色　　＝淺駝色

∨ ＝ ∨
∧ ＝ ∧

78

爵士鞋 page / 22

線材 / Hamanaka Paume baby color
　　S … 藍色（95）15g　L … 黃色（93）25g
　　Hamanaka Wash Cotton〈Crochet〉白色（101）
　　S、L … 各少量
工具 / 3/0號、5/0號鉤針
密度 / 短針　12針為5cm、9段為3.5cm
鞋底長 / S … 7.5cm　L … 11.5cm

〈織法〉
取1條織線，除鞋帶以外，皆以5/0號鉤針，使用
Hamanaka Paume baby color鉤織。
鎖針起針，從鞋頭開始鉤織短針的輪編後，剪線（參照
p.46）。在指定位置接線，鉤織鞋幫、鞋底與鞋後踵。
最終段分別將◎、●、×合印記號對齊，進行捲針併
縫。沿鞋口鉤織引拔針滾邊，以及鞋後踵拉片。使用
3/0號鉤針與Hamanaka Wash Cotton〈Crochet〉鉤
織鞋帶，穿好鞋帶後打結即完成。

TOP
SIDE

＊無記號為S，　　為L尺寸。
＊織圖為單隻鞋份量，再編織相同的另一隻鞋即可。

鞋頭・鞋幫&鞋底・鞋後踵織法
＊鞋頭織法S至第5段、L至第8段為止，請依p.46、47鉤織。
＊由於織片為斜向進行，因此對齊鞋頭中央與鞋幫中央時，
　S要錯開1針、L要錯開2針鉤織。

鞋頭・鞋幫&鞋底・鞋後踵
短針

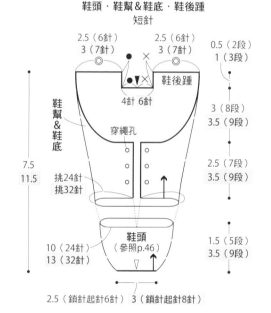

2.5（6針）　2.5（6針）
3（7針）　　3（7針）
0.5（2段）
1（3段）
鞋後踵
4針　6針
3（8段）
3.5（9段）
鞋幫&鞋底
穿繩孔
7.5
11.5
挑24針
挑32針
2.5（7段）
3.5（9段）
鞋頭
（參照p.46）
10（24針）
13（32針）
1.5（5段）
3.5（9段）
2.5（鎖針起針6針）　3（鎖針起針8針）

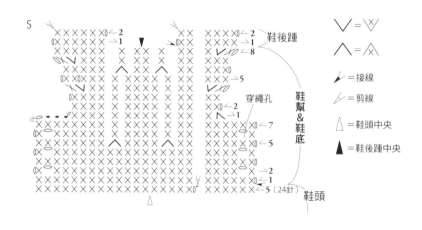

S
鞋後踵
穿繩孔
鞋幫&鞋底
鞋頭

∨＝∀
∧＝∧
＝接線
＝剪線
△＝鞋頭中央
▲＝鞋後踵中央

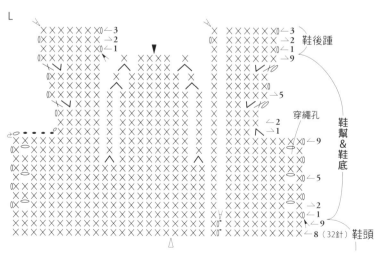

L
鞋後踵
穿繩孔
鞋幫&鞋底
鞋頭

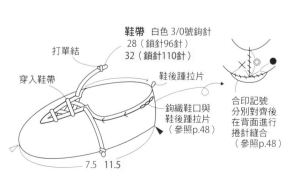

鞋帶　白色 3/0號鉤針
28（鎖針96針）
32（鎖針110針）
打單結
穿入鞋帶
鞋後踵拉片
7.5　11.5
鉤織鞋口與
鞋後踵拉片
（參照p.48）

合印記號
分別對齊後
在背面進行
捲針縫合
（參照p.48）

編織基礎技法〈鉤針〉

［起針］
起針的織法

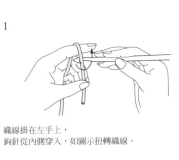

1
織線掛在左手上，
鉤針從內側穿入，如圖示扭轉織線。

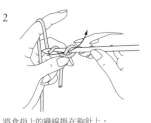

2
將食指上的織線掛在鉤針上，
鉤出織線。

3
重複鉤針掛線，鉤出織線這個步驟。

4

鎖針起針的平編

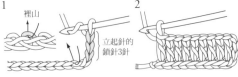

1
裡山
立起針的
鎖針3針
將形成鎖狀的織面朝下，
鉤針穿入裡山。

2
下側的鎖狀針目整齊美觀。

輪狀起針

1
在手指繞線兩圈。

2
將線頭朝向自己，
鉤針穿入線圈中間，
掛線鉤出織線。

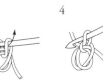

3
完成1針鎖針。
此針計入
立起針的針數。

4
鉤織第1段必要針數後，
拉線收緊線圈，再拉動縮小的線圈，
最後再次拉線，使針目收緊成環。

［針目記號］

○
鎖針

1   2   3   4
最基礎的針法，用於起針或立起針等。

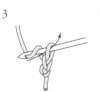
╳
短針

1   2   3   4
高度為立起針鎖針1針的針目。依步驟圖一起引拔掛在針上的2條線。

╳
短針的筋編

僅挑前段針目外側半針，
鉤織短針。
內側半針則會呈現浮凸的條紋狀。
※改鉤中長針或長針時，
　也是以相同要領鉤織。

增加1針短針
（2短針加針）

增加2針短針
（3短針加針）

1

2
在前段的同1針目中鉤織2針短針，完成加1針。
※加針數不同時，也是以相同要領鉤織。

2短針併針

1

2

3

4
從前段針目鉤出織線，作出未完成的2針短針後，鉤針掛線一次引拔2針目，完成減1針。

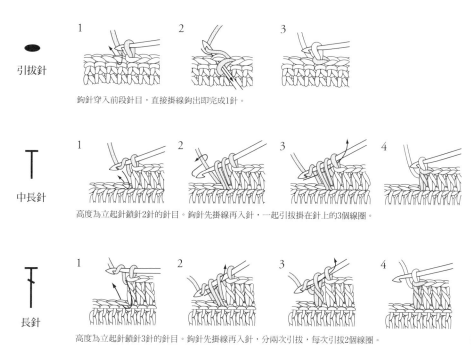

引拔針

鉤針穿入前段針目，直接掛線鉤出即完成1針。

中長針

高度為立起針鎖針2針的針目。鉤針先掛線再入針，一起引拔掛在針上的3個線圈。

長針

高度為立起針鎖針3針的針目。鉤針先掛線再入針，分兩次引拔，每次引拔2個線圈。

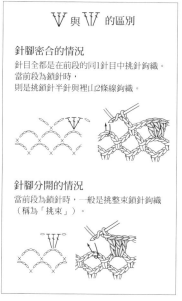

Ⅴ 與 Ⅳ 的區別

針腳密合的情況

針目全都是在前段的同1針目中挑針鉤織。
當前段為鎖針時，
則是挑鎖針半針與裡山2條線鉤織。

針腳分開的情況

當前段為鎖針時，一般是挑整束鎖針鉤織
（稱為「挑束」）。

**增加1針長針
（2長針加針）**

在前段的同1針目中鉤織2長針，完成加1針。
※加針數不同，或鉤織中長針、長長針的時候，
　也是以相同要領鉤織。

2長針併針

鉤織2針未完成的長針，掛線後一次引拔2針目，完成減1針。
※減針數不同，或鉤織中長針、長長針的時候，也是以相同要領鉤織。

3長針的玉針

在前段的同1針目鉤織3針未完成的長針，再一起引拔。　※針數不同時，也是以相同要領鉤織。

長長針

高度為立起針鎖針4針的針目。鉤針先掛線2次再入針，分三次引拔，每次引拔2個線圈。

［併縫・綴縫方法］
捲針併縫

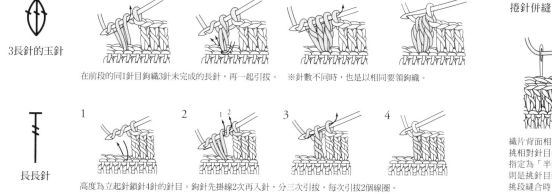

織片背面相對疊合，
挑相對針目的針頭2條線縫合。
指定為「半針」的情況時，
則是挑針目鎖狀針頭的1條線。
挑段縫合時，也是以相同要領挑針。

編織基礎技法〈棒針〉

[起針] 手指掛線起針法

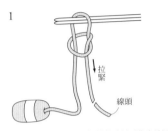

1
線頭側保留約編織長度3倍的線長再作出線圈，
並將2枝棒針併攏穿入環中。

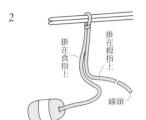

2
收緊線圈。

3
較短的織線掛在左手拇指，
線球側的織線則掛在食指上，
右手拿著棒針壓住線圈。
如圖示挑起掛在拇指上的線。

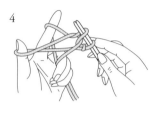

4
挑線完畢的情形。

5
鬆開掛在大拇指的織線，
一邊重新掛線一邊收緊線結。

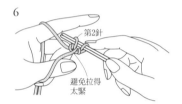

6
拇指與食指回到最初的狀態。
重複步驟3至6。

7
製作必要針數。
此織段算作1段下針。

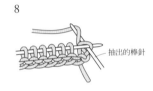

8
將2枝棒針的1枝抽出，
從有線的那側開始編織第2段。

[針目記號]

｜ 下針

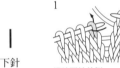

1
織線置於外側，
棒針由內往外穿入左側針目中。

2
右棒針掛線，依箭頭方向
往內鉤出織線。

3
一邊鉤出織線，
一邊讓左棒針滑出針目。

4

— 上針

1
織線置於內側，
棒針由外往內穿入左側針目中。

2
右棒針掛線，
依箭頭方向往外鉤出織線。

3
一邊鉤出織線，
一邊讓左棒針滑出針目。

4

入 右上2併針

1
右棒針由內側穿入，
不編織直接將針目移至右針，
下一個針目織下針。

2
將未編織的針目套在織好的針目上。
呈現右側針目重疊在上的模樣。

人 左上2併針

1
右棒針由內往外一次
穿入2針目。

2
掛線後織下針。
呈現左側針目重疊在上的模樣。

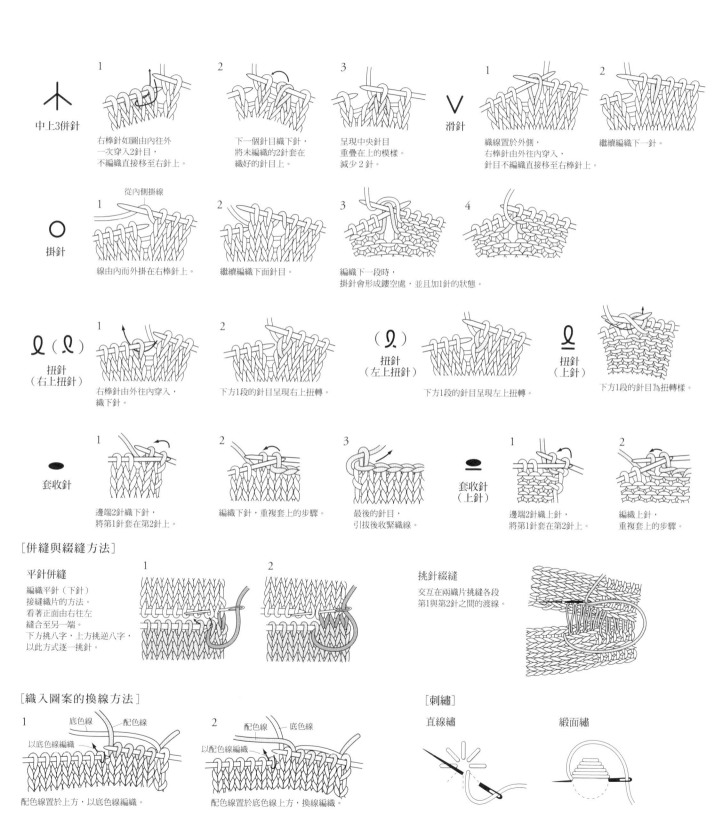

中上3併針

1 右棒針如圖由內往外一次穿入2針目，不編織直接移至右針上。

2 下一個針目織下針，將未編織的2針套在織好的針目上。

3 呈現中央針目重疊在上的模樣。減少2針。

滑針

1 織線置於外側，右棒針由外往內穿入，針目不編織直接移至右棒針上。

2 繼續編織下一針。

掛針

1 從內側掛線
線由內而外掛右棒針上。

2 繼續編織下面針目。

3

4 編織下一段時，掛針會形成鏤空處，並且加1針的狀態。

ℓ (ℓ) 扭針（右上扭針）

1 右棒針由外往內穿入，織下針。

2 下方1段的針目呈現右上扭轉。

(ℓ) 扭針（左上扭針）

下方1段的針目呈現左上扭轉。

ℓ 扭針（上針）

下方1段的針目為扭轉樣。

套收針

1 邊端2針織下針，將第1針套在第2針上。

2 編織下針，重複套上的步驟。

3 最後的針目，引拔後收緊織線。

套收針（上針）

1 邊端2針織上針，將第1針套在第2針上。

2 編織上針，重複套上的步驟。

[併縫與綴縫方法]

平針併縫
編織平針（下針）接縫織片的方法。看著正面由右往左縫合至另一端。下方挑八字，上方挑逆八字，以此方式逐一挑針。

1

2

挑針綴縫
交互在兩織片挑縫各段第1與第2針之間的渡線。

[織入圖案的換線方法]

1 底色線　配色線
以底色線編織
配色線置於上方，以底色線編織。

2 配色線　底色線
以配色線編織
配色線置於底色線上方，換線編織。

[刺繡]

直線繡

緞面繡

【Knit・愛鉤織】49

寶貝小腳丫 ❤ 媽咪手織嬰兒鞋

作　　　者／michiyo	
譯　　　者／彭小玲	
發　行　人／詹慶和	
總　編　輯／蔡麗玲	
執 行 編 輯／蔡毓玲	
編　　　輯／劉蕙寧・黃璟安・陳姿伶・李佳穎・李宛真	
執 行 美 術／陳麗娜	
美 術 編 輯／周盈汝・韓欣恬	
內 頁 排 版／造極	
出　版　者／雅書堂文化事業有限公司	
發　行　者／雅書堂文化事業有限公司	
郵政劃撥帳號／18225950	
戶　　　名／雅書堂文化事業有限公司	
地　　　址／新北市板橋區板新路 206 號 3 樓	
電　　　話／（02）8952-4078	
傳　　　真／（02）8952-4084	
電 子 信 箱／elegantbooks@msa.hinet.net	

2016 年 10 月初版一刷　定價 320 元

TEAMI NO BABY SHOES
Copyright © michiyo 2015
All rights reserved.
Original Japanese edition published in Japan by EDUCATIONAL FOUNDATION
BUNKA GAKUEN BUNKA PUBLISHING BUREAU
Chinese (in complex character) translation rights arranged with EDUCATIONAL
FOUNDATION BUNKA GAKUEN BUNKA PUBLISHING BUREAU
through KEIO CULTURAL ENTERPRISE CO., LTD.

總經銷／朝日文化事業有限公司
進退貨地址／235 新北市中和區橋安街 15 巷 1 號 7 樓
電話／（02）2249-7714
傳真／（02）2249-8715

國家圖書館出版品預行編目資料

寶貝小腳丫 ・ 媽咪手織嬰兒鞋 / michiyo 著；
彭小玲譯 .
-- 初版 . -- 新北市：雅書堂文化 , 2016.10
　面；　公分 . --（愛鉤織；49）
ISBN 978-986-302-327-2（平裝）

1. 編織 2. 手工藝

426.4　　　　　　　　　　　105015474

Baby Shoes

michiyo
任職服裝・織線的企劃開發之後，自1998年開始製作嬰兒與
兒童的針織品，同時以作家的身分進行創作。以掌握時尚趨
勢的高設計感作品及容易編織而著稱。著有《編みやすくて
かわいいベビーニット》、《ニットのふだん着》系列、《ニット男
子》系列、《ふたりのニット》、《michiyoの編みものワークシ
ョップ》（皆由文化出版局出版）。
HP　http://michiyo.mabooo.boo.jp

日文版 STAFF

書籍設計	天野美保子
攝影	加藤新作（cover、p.1〜37）
	中辻 涉
視覺陳列	堀江直子
模特兒	こころ　遙　柚乃
製作協力	飯島裕子
製圖	沼本康代　大楽里美　白くま工房
校閱	向井雅子
編輯	三角紗綾子

本書作品使用Hamanaka織線、Hamanaka amiami織針。
線、材料相關資訊請洽詢下列網站：
Hamanaka　京都本社
http://www.hamanaka.co.jp
和麻納卡（廣州）貿易有限公司
http://www.hamanaka.com.cn

攝影協力

Orne de Feuilles青山店 （p.3、9的拼布、p.20的靠墊）
AWABEES

Knitting My style

輕・甜・涼・感
日日棉麻手織服

26件四季好感の編織服＆小物

Michiyo◎著

使用棉麻線材編織的手織服，只要搭配輕薄背心或保暖的高領衫，就能穿搭一整年。書中介紹的手織服，在作者最愛的中性風格中，增添了一絲甜美的女孩風。一衣多穿的特性，只要將手織服上、下反轉，或前、後反穿，就會展現出另一種風格。26件棉麻手織服飾＆小物 讓你日日都自然甜美！

彩色＋單色／80頁／19×26
定價 320 元

Knitting My style

棉麻百搭
好型手織服

26件春夏好感の
編織服&小物

組合相同織片

2WAY穿法

Michiyo◎著

不可思議的好型手織服，不僅適合各種年齡層的女性，作法簡單卻充滿獨
特個性的外型更是令人驚喜。收錄適合春夏的鏤空針織背心＆外套、罩衫、
短外套等手織服，還有小領巾、帽子、髮帶等流行又百搭的配件。手織魅
力滿載的26件服飾＆小物，讓你日日都好型！

彩色＋單色／80頁／19×26
定價320元

自在 × 有型

Knitting My style

私・手織服

26件溫柔好感の
編織服 & 小物

Michiyo◎著

流行又百搭的斗篷風罩衫、飛鼠袖外套、開襟外套、背心、波蕾若等，在
本書裡都是兩穿服飾，只要上、下或前、後反轉，就會展現出另一種風格！
加上百搭圍巾、針織內搭褲、襪套、報童帽、北歐風罩衫、袖套等，手織
魅力滿載的 26 件服飾 & 小物，讓你穿出一身溫柔好感！

彩色＋單色／80 頁／19×26
定價 320 元

川路祐三子
嬰幼兒鉤織服系列

愛鉤織 25
媽咪親手織．
溫柔 100% 的可愛寶貝服

愛鉤織 26
43 件送給貝比的衣服 ×
玩具 × 配件小物

愛鉤織 29
毛線‧棉線‧輕布作
38 件好想鉤的可愛幼兒服

愛鉤織 33
編織幸福．
35 件溫柔手感の寶貝手織服

愛鉤織 36
簡單‧時尚‧好好穿！
37 件鉤針編織的優雅風
可愛手織服

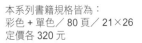

本系列書籍規格皆為：
彩色＋單色／80 頁／21×26
定價各 320 元

Baby Shoes

Baby Shoes